U0059465

大都會文化

大都會文化

男

MEN

體使用手冊

35歲+ ♂ 保健之道

序

年少的時候，仗著自己年輕有本錢，喜歡過著不規律、任性的生活，即使因為工作關係，總是得圍繞著美容、養生、保養觀念打轉，但仍固執地認為，那是上了年紀才需要注意的事，何況，男人嘛…在臉上做些塗塗抹抹的保養工作，感覺還是怪怪的。

但過了三十歲之後，許多不該發生在正值壯年期的一些老化現象，居然通通都降臨到我身上，例如熬夜過後，即使能好好補個眠，起床後還是覺得力不從心；明顯的眼袋、黑眼圈，讓我看起來不僅無神，更比實際年齡老了好多歲，這樣的外表，別說旁人了，連我都會開始懷疑起自己的專業。

於是，我把平常所教導別人的觀念，運用在自己的身上，每天多花一點點時間來關心自己。眞正開始執行之後，我才發現，運動、保養其實一點都不累人，只要懂得掌握幾個重要概念，也可以很簡單自然，當看見自己的外表漸漸有了改變，體力和精神也越來越好，這樣的動力，就足以讓你繼續維持下去。

懂得關心自己、照顧自己的人，才會讓自己更加健康，也更加有能力去保護你的家人。當你在翻閱這本書的時候，相信你已經踏出邁向青春、健康的第一步，接下來，只要能照著書中的指導認眞執行，好好善待使用你的身體，讓他永遠保持在25歲的最佳狀態！

CONTENTS

第三章 *Chapter 3*
熟男養成計劃表

為了伴侶、子女、父母、家庭忙碌了大半生的男人們，
真正花在照顧自己的時間究竟有多少？
長期承受工作的壓力，終日在外面對日曬雨淋，
其實男人的肌膚更需要保養；
男人的身心更需要呵護；
男人的體格更需要鍛鍊。
也許你有淵博的知識、專業的技能、聰明的頭腦，
但你了解自己身體的需求嗎？
真正聰明能幹的男人，絕對不會讓自己看來很糟。
好好寵愛自己、照顧好自己，
男人，應該要讓自己看起來更好！

Chapter 1

熟男外貌協會
之容貌篇

　　你一定聽說過 "天下沒有醜女人，只有懶女人！" 這句話吧？或許你也常常用這句話提醒身邊的伴侶，而女人越是用心裝扮自己，就越能讓人賞心悅目。但身為男人的我們呢？雖然大部分的人都認為，男人最大的成就，莫過於事業的有成，但不可否認的是，想要獲得成功，除了要有能力之外，形象也同樣很重要，這也就是為什麼一個成功的男人，絕不會讓他自己看起來邋裡邋遢，因為如果連自己的形象都打理不好，又如何能證明自己的辦事能力呢？

　　比女人幸運的是，男人不用把自己的臉變成一個調色盤一般，在臉上塗上各種顏色，或是每天為了要把自己打扮得花枝招展而大傷腦筋，因此要維持一個良好的形象並不難，簡單來說，只要身體保持清潔乾淨、服裝穿著得宜，說話舉止大方穩重，就能給人留下一個不錯的好印象。

　　不論你是不是天生就長有一張俊俏、帥氣的臉蛋，只要能夠掌握上述的三大原則，在別人的眼中，你絕對是個很'MAN'的成熟男人！

打倒頂上無毛，辦事不牢的壞印象！

即使再不重視外表裝扮的男人，若是發覺自己頭頂上的毛髮越來越稀疏，甚至少到根本不用梳理也不會覺得雜亂時，應該也無法感到開心吧？可見禿頭對一個人的形象多具有殺傷力！

然而，由於生活的壓力越來越大，許許多多的文明病也不斷增加，再加上環境與空氣的嚴重污染，使得現代人掉髮的問題也跟著嚴重起來，不僅有禿頭危機的人數激增，就連年齡層也開始降低，因此想要打倒"頂上無毛，辦事不牢"的壞印象，就要從危機預防開始做起！

✚ 預防重於治療！找出導致禿頭的5大危機！

第一大危機＞＞**男性禿**

　　它又被稱做雄性禿，這是種因為男性荷爾蒙過剩或來自遺傳基因的禿頭原因。而雄性禿的特徵，通常都是從髮際線開始慢慢往後移，但兩側的頭髮卻不一定會受到影響，因此最後會形成有如地中海一般的禿頭形狀。

　　由於男性賀爾蒙中有一種叫做睪固酮的元素，當它到達毛囊細胞后，會進行轉換，進而破壞毛囊進行蛋白的合成工作，使得毛囊開始萎縮，因此毛髮便會不斷脫落，而萎縮的毛囊也無法再生長出毛髮。

　　多半這種狀況會被誤認為是「老化」的自然現象，而延誤了治療的適當時機，因此若發現落髮的情況頗為嚴重時，應儘早向專業醫務人員求助並進行治療，這樣不僅可以阻止問題繼續擴大，甚至還有機會恢復濃密的毛髮。

第二大危機＞＞**血液循環不良**

　　隨著現代人的運動缺乏，以及經常久坐不動，導致身體之中，尤其是頭部的血液更難有效循環，這時，依靠血液送達的養分無法充分補給到毛髮之中，就會使得毛髮缺乏營養，而阻礙毛髮的生長導致脫髮。

　　除此之外，有經常戴帽子、戴假髮習慣的人，也會讓頭皮的血管被壓迫，尤其在大熱天裡，頭部容易因為悶熱而出汗，就會讓頭皮造成傷害，如果已經出現脫髮現象的人，會因為這樣的習慣讓脫髮問題變得更加嚴重，因此應該盡量減少戴帽子或戴假髮的時間。

男體 使用手冊
men's body guide

第三大危機 >> 油脂分泌過剩

　　分泌過盛的油脂，如果沒有及時清理乾淨，就會使得毛孔被堵塞，因而產生許多皮膚問題。而頭皮也是一樣，因為某些不當產品的使用，或是一些不正確的生活、飲食習慣，刺激頭皮油脂的分泌增加，使得毛囊被油脂所阻塞，就會導致嚴重的脫髮問題，如果還不加以立即改善，情況會一直惡化，因而導致禿頭。

常見的錯誤生活或飲食習慣如下

✕食用過多油膩刺激的飲食

　　油炸、辛辣的食物，會刺激油脂腺分泌，突然激增的油脂，一時之間如果無法順利從皮膚的毛孔或頭皮上的毛囊排出，就會被堵塞住，引發種種肌膚和頭皮問題。

✕使用不良的洗髮、潤髮、護髮和造型產品

　　添加了許多化學劑的頭髮產品，很容易刺激頭皮，再加上長時間塗抹或覆蓋在頭皮上，無法被毛囊吸收，反而會變成頭皮的負擔。

✕錯誤的洗髮、清潔方式

　　有些人不愛洗頭髮，使得毛囊長時間被油脂或污垢所堵塞，以及在洗頭時，喜歡用過熱的水或冰水沖洗，同樣也會刺激毛囊，使得油脂加速分泌或是造成毛囊收縮，導致髒污無法清除乾淨。

第四大危機 >> 皮膚病

　　有時因為發生了嚴重的疾病，例如高燒、代謝不正常、大量出血、休克等，長達兩三個月無法痊癒時，也可能會導致毛髮突然大量脫落，不過這種情況通常在康復後兩個月就會開始恢復，因此這時只要多補充營養，就能幫助頭髮正常生長。

　　不過如果是因為皮膚性的疾病，像是紅皮症、全身性或盤狀紅斑痕瘡、脂漏性皮膚炎、黴菌、細菌感染等也會造成落髮。若是由於皮膚性疾病所造成的脫髮，就必須要儘快求醫，以免延誤了治療良機。

第五大危機 >> 情緒問題

　　現代人的壓力普遍過大，因此常會引發許多文明病，雖然說，掉髮和壓力並不一定有直接的關聯，但過度的壓力會促使身體免疫功能下降、造成內分泌失調，就有可能影響到頭髮的生長，因而導致嚴重的落髮情況發生。

　　另外，日常飲食攝取不均，營養不足及不正常的生活習慣，如熬夜、煙酒過量、運動過度，甚至是受到一些藥物的副作用影響，同樣會刺激皮脂腺活動旺盛，頭皮分泌失調，一旦毛囊受損，就會造成掉髮的困擾。

醫師的貼心叮嚀

　　每一個健康的成年人，每天平均約掉落100根頭髮是很正常的，如果發現自己突然有大量落髮的情形，千萬別急著自行服藥或是塗抹坊間各種號稱生髮的產品，因為造成落髮的原因很多，而解決的方法也各有不同，因此如果發現自己不是因為壓力或是生病而造成嚴重脫髮的問題，最保險且正確的方法，就是向皮膚科等專科醫生求助。

✚ 避免脫髮，從日常生活做起！

禿頭的形成，絕對跟毛囊受損脫離不了關係，而脆弱的毛囊一旦受到傷害，想要讓它恢復健康其實並不容易，因此與其等到問題發生，再來大費周章地想辦法解決，倒不如在平時花一點少少的時間，給頭髮多一點點的呵護，為了維持男人的自信與尊嚴，這一點付出絕對是值得的！

正確的護髮習慣

1. **兩天洗一次頭髮**：太常或太少洗頭都會造成頭皮傷害，因為頻繁的清潔動作，會破壞頭部的脂肪保護膜；而衛生習慣不良的人，則會讓污垢阻塞毛孔，影響毛囊吸收養分。

2. **保持規律的生活作息**：睡眠不足會讓頭皮的油脂分泌量增加，影響到正常的新陳代謝以及血液循環，不僅可怕的頭皮屑增多之外，同樣也會造成落髮危機，所以一定要保持規律的生活作息。

3. **儘量避免日曬雨淋**：強烈的陽光很容易讓頭皮變得脆弱，影響髮根的承受力，讓頭髮分岔與斷裂；而受到環境汙染的酸性雨水，如不立即清洗，也會損害毛囊，讓頭髮無法再生。

4. **減少美髮造型產品的使用**：美髮產品雖能讓頭髮變得有型，但由於這一類產品，可能含有損害頭皮的酒精成分，因此最好不要使用，或是在使用後儘快沖洗乾淨，不要讓這些化學成分長時間存留在頭皮上。

5. **多做促進血液循環的運動**：多做運動，有益身體健康，對於防止落髮也有意想不到的作用。另外在洗髮時，用指腹輕輕按摩頭皮，也能促進頭部血液循環，不但能夠健髮，還能讓頭腦變得更加清醒。

6. **補充幫助毛髮生長的食物營養**：牛奶、海帶這類食物均有助毛髮生長，不妨多吃，至於刺激性的食物，例如咖啡、酒和油炸的東西則應少吃，因為這些食物會增加頭皮油脂，加快頭髮掉落的速度。

7. **誤隨便聽信生髮偏方**：很多人常會急病亂投醫，隨便聽信坊間流傳的偏方，不但延誤了治療的黃金時間，更可怕的是，來歷不明的藥物，反而會引發其他的後遺症，千萬別讓自己成了實驗室裡的白老鼠。

KLORANE 奎寧養髮洗髮精
（預防落髮專用）/200ml/NT$390
精純的金雞納樹萃取物具有刺激毛乳頭
血液循環，以及局部的殺菌作用，能為
缺乏活力的秀髮增添生命力。

MAN-Q 5W50洗髮精
/600ml/NT$240
紅景天用於美容上有抗老化功效，可增強
皮膚自身抗體，有效阻擋外來傷害與紫外
線，且能形成天然鎖水保濕屏障，並可防
止髮質老化。

強健毛髮
的護髮產品

KLORANE 蕁麻控油洗髮精
（油性頭皮專用）/200ml/NT$390
由蕁麻根部所萃取出的氫化醇，含有多環
的控油複合物，長期使用，可使皮脂分泌
正常，讓頭髮不再黏膩。

MAN-Q檸檬馬鞭草洗髮/600ml/NT$240
能徹底洗淨頭皮油脂污垢，幫助減緩油脂分泌平衡
保濕，角質再生修護，防止老化，不含矽靈、矽
油，洗後頭皮髮絲清爽呼吸無負擔。

別讓一張沙皮臉偷偷透露了你的年齡！

女人的皮膚比較嬌嫩脆弱，因此愛美怕老的她們總是會花很多的時間在保養肌膚上面，但事實上，由於男性忙碌的生活型態，經常受到日曬、菸酒的傷害，再加上缺少保養與照顧，即使膚質底子再好，同樣也會開始出現皺紋、鬆弛，甚至黑色素沉澱的斑點。

　　不想發生別人將你身旁的女伴，誤認為是你女兒的糗事嗎？那你可要好好抓住青春的尾巴，別讓它悄悄地從你臉上給溜走了！

✚ 注意老化的第一道警訊！

現代人因為環境、壓力因素，早從25歲開始就逐漸出現老化的跡象，維持肌膚彈性、水分的養分慢慢從身體中流失，使得皮膚變薄、變脆弱，再加上許多不自覺的習慣，例如皺眉頭、抬眉等動作，就會讓臉上開始出現一道道皺紋。

皺紋一旦生成，要靠天然的方法去解決可說是不太可能的事，還好現今已有許多便利的醫學技術可以運用在除皺去斑上，因此不僅吸引了許多女性朋友，就連男性進行抗老除皺的整形手術比例也大大增加。不過如果你對於這種醫學科技還是有所顧忌，那最好的方法，就是做好肌膚的保養工作，延緩老化的時間才是上上之策。

✚ 產生皺紋的三大原因

1. **膚質老化**：肌膚隨著年齡的增長，油脂分泌力降低，不但表皮層會漸漸萎縮、變薄，就連真皮層也逐漸失去彈性與韌性，這時紋路就產生了，其中包括臉上細小的紋路以及法令紋，都是屬於這種老化紋路。除了自然的肌膚老化之外，陽光的曝曬、熬夜、菸酒、壓力、飲食不正常等因素，也會嚴重傷害肌膚，讓皮膚提早老化。

2. **乾燥的膚質**：常用高溫的熱水洗臉、使用清潔力過強的用品，或是在乾冷的季節中沒有做好保濕工作，會使得肌膚缺乏水分而變得乾燥，在初期的皮膚缺水時，會覺得肌膚表面有緊繃感，這種現象如果一直持續下去不加以改善，讓肌膚長時間處在乾巴巴的狀態下，即使肌膚沒有老化，也會因為缺乏水分和油脂，導致臉上的細紋逐漸產生。

3. **肌肉運動過度**：如果長時間重複同一個表情，或是過度拉扯到某部位的肌肉，例如習慣性的皺眉頭和抬眼看東西，以及經常用力擠眼等，就會在臉上產生笑紋、魚尾紋、抬頭紋、皺眉紋等表情紋路，如果沒有加以治療，這些皺紋就會從原本一動才會產生的動態紋，慢慢轉變為永久出現在臉上的靜態紋，像有些人雖然沒有不開心，但明顯的眉頭紋路卻讓人覺得他一直眉頭深鎖。

✚ 撫平細紋 青春再現！

> 皺紋給人的感覺，無非就是一種歷經滄桑的"操老"感，幸好隨著美容醫學的進步，有越來越多各式簡單、有效的抗老除皺妙方，包括換膚、注射肉毒桿菌、藥物離子導入等等，都可以讓你不動刀、不見血光，達到返老還童的目的。

肌膚保養區

還是一句老話：預防勝於治療。如果你的臉上還沒有歲月所留下的痕跡，那得先恭喜你！不過高興之餘，可別忘了加強肌膚的防護工作，平時多注意良好的生活作息，再加上有益肌膚的保養品，你會發現，男人想要更有"面子"，其實一點都不難。

保養1 洗臉時的水溫很重要

水溫太熱會讓皮膚的水分和油脂大量流失，使得皮膚變得乾燥，因此最好先用溫涼的水徹底清潔，最後再用冷水幫助毛孔收縮，保持肌膚健康有彈性。

保養2 維持健康的生活

煙裡面的尼古丁和不良物質，會讓皮膚變得乾燥無光，因此有抽煙習慣的人，臉色通常都不會好看。除此之外，多吃清淡的食物及蔬果，可以補充纖維及維他命C，幫助細胞修補，同時也可避免皺紋的產生。

保養3 定期清理角質層

去角質可不是女性的專利！每個人的表皮層上都會被老廢的角質所堆積，如果不加以清除，經過日積月累的沉積，除了讓皮膚變得粗糙外，也會在角質堆積處長出細紋，因此每個禮拜不妨使用含有果酸、A酸等具有刺激膠原組織增生、去角質效果的保養品一到兩次，就可以改善皮膚粗糙、預防紋路產生。

細紋清除區

當臉上開始出現小細紋時，除了上述的保養功課要做足之外，更要開始清除細紋，因為皺紋一旦形成，只會越來越明顯，因此如果不想任它在你的臉上橫行無阻，不妨利用現代的科技-醫學美容來幫助你！

撫平細紋 **1** 使用抗老化保養品

這些抗老化的保養品，主要是針對臉上剛形成的小細紋，並且是屬於靜態的細紋才有效果，至於是動態紋路、皮膚深層紋路與凹溝，最好還是利用下列介紹的醫學儀器或是注射才會比較容易見效。

而有效的抗老保養品中，最好是選擇含有左旋C、植物性荷爾蒙、多酚類等成分的產品，因為上述的這些物質，能夠幫助真皮組織膠原蛋白增生。

撫平細紋 **2** 除皺注射

臉部因動作所產生的動態紋路，可施打肉毒杆菌讓肌肉得到放鬆休息，進而撫平皺紋。只不過有些人在剛進行肉毒杆菌注射時，肌肉因為放鬆，會讓人覺得像是假面人一般，而肉毒桿菌的有效期限約是半年至一年不等。

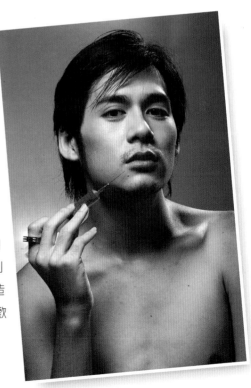

想要填平皮膚當中的凹溝，如鼻翼兩側的法令紋，或是施打肉毒杆菌之後仍存在的動態紋，如抬頭紋、眉間紋、魚尾紋、笑紋等，則可以施打玻尿酸、自體脂肪等，但同樣是具有一定的時效性，而非永久性的治療效果。

撫平細紋 **3** 醫學光療

現在有很多整形診所引進雷射、脈衝光、緊膚光等治療方式，利用熱能效應刺激肌膚的深層組織，使皮膚自體增生膠原蛋白，就能達到緊實、撫平皺紋的效果。這種方式不用開刀、注射，既快速又不會造成可怕的疼痛感，只要進行數次的療程就能見效，因此很受到大眾的歡迎，不過效果因人而異，通常是年紀越輕效果也越顯著。

❷MAN-Q活力抗氧水乳液/50ml/NT$420
有效阻隔紫外線A、B及環境光害,避免直接的
傷害肌膚,獨家研發全新抗氧化胜肽配方
PQ10,能有效減緩臉部的皺紋及細紋。

❸Kiehl's猴麵包樹男性緊膚露
/75ml/$1100
猴麵包樹萃取液讓肌膚充滿水分彈
性,增進緊實活力、預防皺紋,
是針對男性肌膚所設計的抗老
化產品。

能幫助緊實肌膚
的男性保養品

❶BIOTHERM男仕有氧O2淨化眼
部潤澤露/15ml/NT$1250
銀杏及咖啡因可幫助微細循環,消除
眼部浮腫、眼袋、黑眼圈,再加上活
性攜氧因子,可增加肌膚含氧量,使
膚色明亮。

❹巴黎萊雅MEN EXPERT活顏緊實
全面抗老保濕霜/450ml/NT$450
由植物萃取物組成的活力緊膚素,能有
效對抗肌膚支撐細胞組織的退化,可預
防及促進細胞修復,緊實肌膚。

做個迷人的微笑王子

有人說，成功的人際關係，來自於一個簡單的關鍵－那就是 "迷人而自信的微笑" ！一個真誠的微笑，可以輕易就化解了生疏的隔閡，還能讓人對你留下深刻且良好的印象。

迷人的微笑有什麼標準呢？簡單來說，一口潔白整齊的牙齒絕對是必要的關鍵，如果一張口，露出的是一嘴黃板牙，甚至是黑到不行的大爛牙，對你的形象絕對是扣分到不行的致命傷。如果你天生就有一口參差不齊的牙齒，現在要做牙齒矯正恐怕稍嫌為時已晚，想要補救的最好方法，就是選擇一套最適合的美白方式，來美化修飾你的牙齒。

✚ 抓出令牙齒變色的罪魁禍首

一般人的牙齒，通常是呈象牙色般的米白色，並非純正的雪白色。而一顆牙齒的中心部分為牙髓腔，裡面包含著神經血管，外部裹覆著象牙質，最外層則為琺瑯質。象牙質是呈淡黃色，琺瑯質則是透明的，如果琺瑯質越厚的牙齒，齒色看起來就越白。

會造成牙齒變色的原因可略分為

1. 因為長期抽煙、嚼檳榔或經常食用高色素性食物而導致牙齒變得較黃黑。

2. 牙齒在發育的過程中，服用了一些會影響牙齒鈣化的藥物，因而使得牙齒呈灰、棕、紫色甚至不同顏色的帶狀染色。

3. 飲水中若含有過量氟化物，則會在牙齒表面形成黃棕色線條或斑點，稱為斑齒。

4. 牙髓病變的牙齒或牙髓壞死等也會較其他正常牙齒顏色來得深。

5. 曾因蛀牙而抽過神經的牙齒也容易變色。

6. 牙齒在老化的過程，會因琺瑯質的磨損變薄而呈現出象牙質的黃色。

✚ 牙齒美白不分男女

> 雖然男人的肌膚不用像女人一樣，要靠一白遮三醜，不過牙齒的美白，卻不分男女。
>
> 　由於現在的醫學科技非常進步，因此不論是天生的黃板牙，或是因煙垢、檳榔垢或茶、咖啡的染色，只要能確定造成牙齒變色的原因，以及變色的程度來選擇合適的治療方式，都有辦法讓你擁有一口滿意度可達幾乎百分之百的潔白貝齒。

目前最流行的牙齒美白方法有

1. 居家牙齒美白：

　　這是一種患者在經過醫師的指導後，將漂白凝膠和特製的齒模帶回家中自行操作的牙齒美白方式。這種方法較為溫和，因此所需要的時間也就較長，整個療程大約需要4－6個星期左右。

2. 診間牙齒美白：

　　雖然同樣是利用牙齒漂白劑進行牙齒美白，不過因為使用的漂白劑濃度較高，所以所有的美白步驟必須在診所內由醫師操作完成，但是相對的效果也會較明顯且快速。

3. 合併居家及診間牙齒美白：

　　結合了居家牙齒美白的溫和性，卻增加了診間牙齒美白的快速性，這類牙齒美白的費用介於1萬元至2萬元不等，屬於牙齒美白的中等價位，不過利用漂白劑漂白牙齒，有可能會造成對牙齒的傷害，因此不得不多加注意。

使用牙齒美白劑也有以下幾點禁忌

- 牙齒傷害範圍過大者。
- 牙齦萎縮或牙根暴露者。
- 中度或以上屬於藍灰色系列染色患者。
- 患有全身性統性疾病者。
- 小於13歲的患者。
- 牙齒特別容易敏感者。
- 嚴重的顎關節障礙患者。
- 服用大量藥物者。
- 孕婦或哺乳者。

4.雷射牙齒美白：

　　雷射美白，是利用高科技雷射技術，催化齒垢及過氧化氫之間的氧化還原反應，以達到牙齒美白的效果。折衷方式能快速地消除由茶、咖啡、煙漬、檳榔等所產生的齒垢，以及因老化、神經退化、四環黴素、過剩氧化物等所產生的齒斑，整個療程約一到兩個小時就能完成。費用略高，大約是3至4萬元左右。

5.瓷牙貼面美白：

　　瓷牙貼面治療是上述牙齒美白中，費用最高的一種方式，大約需要20到30萬，做法是在牙齒表面磨去薄薄的一層，再以成形的瓷牙貼附在牙齒表面以蓋住原來的顏色。通常較為嚴重的牙齒變色患者，醫師們都會建議採用瓷牙貼面治療，不但效果佳，美白的維持時間也很長久。

6.市售護牙潔齒劑：

　　包括具有潔白效果的牙膏、牙粉等，售價大約在數十元至百元不等，屬於最平價的牙齒美白方式，不過美白效果就見仁見智了，最主要的功用應該是用在保護牙齒與口氣清新上，或是延長醫學牙齒美白的時效性。

減少牙齒染色傷害的 小撇步

✔少抽煙，以減少煙垢侵害牙齒

✔少吃檳榔等會侵蝕琺瑯質的食物

✔少喝咖啡、茶類等會造成色素沉積的飲料

✔用餐完後養成立即漱口的好習慣

✔刷牙乾淨徹底很重要，但小心用力過猛也會傷害琺瑯質

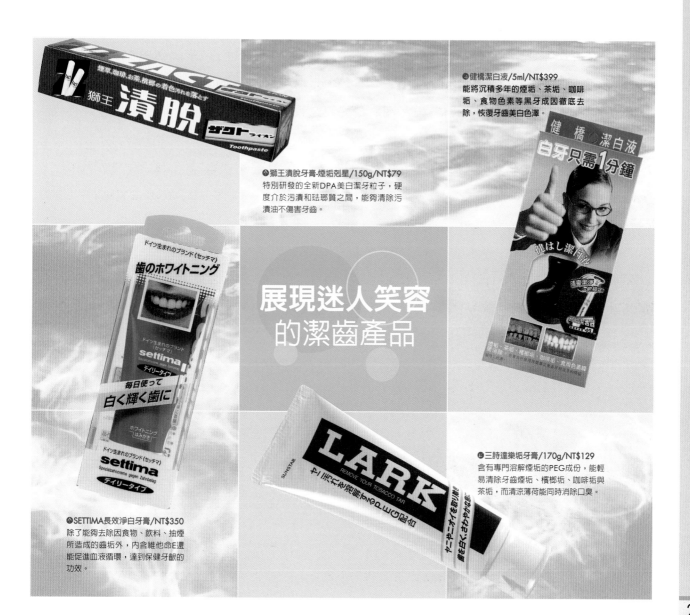

展現迷人笑容
的潔齒產品

❹健橋潔白液/5ml/NT$399
能將沉積多年的煙垢、茶垢、咖啡垢、食物色素等黑牙成因徹底去除，恢復牙齒美白色澤。

白牙只需1分鐘
健はし潔白液

❶獅王漬脫牙膏-煙垢剋星/150g/NT$79
特別研發的全新DPA美白潔牙粒子，硬度介於污漬和琺瑯質之間，能夠清除污漬油不傷害牙齒。

❷SETTIMA長效淨白牙膏/NT$350
除了能夠去除因食物、飲料、抽煙所造成的齒垢外，內含維他命E還能促進血液循環，達到保健牙齦的功效。

❸三詩達樂垢牙膏/170g/NT$129
含有專門溶解煙垢的PEG成份，能輕易清除牙齒煙垢、檳榔垢、咖啡垢與茶垢，而清涼薄荷能同時消除口臭。

避免熟男的「中厚」危機

男人一過30，因為基礎代謝率開始不斷往下降，因此幾乎每一個人的身材都無可避免的往橫向發展，尤其是缺乏運動、飲食習慣不良、經常暴飲暴食、喜歡熬夜喝酒的人，嚴重影響了內分泌、新陳代謝和激素分泌，都免不了會出現水桶腰、鮪魚肚的「中厚」身材，這不僅影響了外觀，還對健康也造成可怕威脅，因為如果是屬於局部過度肥胖的人，比全身平均肥胖者所罹患慢性疾病的機率，要高出許多倍。

對男人來說，肌肉是力量的象徵，而缺乏肌肉的男人，因為沒有辦法有效消耗身體多餘的脂肪，因此很容易大腹便便贅肉纏身，想要擺脫一般中年男子的肥胖印象嗎？只要從正常健康的生活中著手，你會發現，找回男性力量的象徵，其實一點都不難！

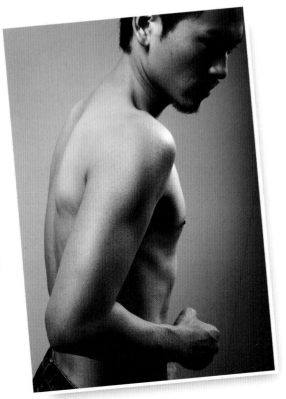

✚ 改變「中厚」的形象

> 誰都知道，減肥的不二法門不外乎是從節制均衡的飲食，和有恆心的運動開始著手，不過很多人卻因為缺乏毅力和對減肥的錯誤認知，認為想要減肥就必須一邊要忍受飢餓，一邊還得大汗淋漓的不停運動，於是便輕言向肥胖投降，其實減肥只要掌握住重要的關鍵，一樣可以輕鬆達到目標的！

關鍵一 > > 養成四低一高的飲食方式

　　低油、低糖、低鹽、低蛋白的四低飲食門檻，可以大大減少熱量的吸收，而高纖維的蔬果，不但容易讓你有飽足感，還能帶走身體裡殘存的廢物，同時做好體內環保。食物的種類如此之多，只要懂得聰明做選擇，誰說減肥一定就要餓肚子？

關鍵二 > > 養成正確的坐姿

　　長時間的辦公室工作，使得我們大部分的光陰都在椅子上度過，尤其是喜歡半躺在椅子上且習慣蹺腳的人，久而久之，不但把肚子給養大了，就連骨盆也跟著傾斜，因此養成良好的坐姿習慣非常重要。上班時記得雙腳要平放在地，腰部挺直靠在椅背上，身體與大腿保持九十度直角，這樣的姿勢不僅能改善大腹便便，還可以減少腰痠背痛等症狀。

關鍵三 > > 養成好動的習慣

　　運動的好處實在是多到說不完，想要健康有型，絕對不能懶！在後面的運動篇中，我們會針對各個部位，請健身教練設計了多套輕、中、重量級的運動，只要能夠持之以恆，你一定能夠甩掉贅肉的糾纏。

電力十足才能魅力四射！

很多人以為，精神不好是因為睡眠時間不足的關係，所以只要睡眠時間夠長，就可以立刻恢復精神。但事實上，睡眠品質的好壞比時間長短重要得多，除此之外，還有許多其他因素，千萬不要忽視身體的所發出的求救信號，長期的精神不濟，不但會讓你無法專心於工作上的表現，更可怕的是，還有可能導致精神衰弱，引發憂鬱、躁鬱症等心理疾病。

造成精神不濟的常見原因

* **現代壓力症候群**：因為工作壓力過大，造成長期的精神緊繃，不但寢食難安，精神也無法集中，經常一臉疲憊的樣子。

* **睡眠品質不佳**：常常失眠或是屬於淺眠類型而無法進入熟睡狀態的人，即使睡眠時間再長，身體和精神還是不能得到真正的休息，這不止讓人覺得永遠都睡眠不足之外，還會造成免疫力下降，容易引起許多疾病問題。

* **飲食作息不正常**：生活日夜顛倒或是經常不吃早餐的人，導致引發代謝症候群或心血管疾病的機率會大大提升，而且還有可能會使得記憶力大減。

* **缺乏運動**：平常沒有運動習慣的人，體內的血液循環較差，不僅含氧量不夠會造成頭昏腦脹的嗜睡感，體力也會開始減弱，身體不知不覺地就虛弱下去。

* **老化的現象**：隨著年齡的增加，人體的新陳代謝自然開始減緩，若沒有積極的做好體內環保工作，當體內的廢棄物越來越多時，同樣也會造成倦怠感。

✚ 別讓你的發電廠停擺

想要讓你的發電廠持久強勁其實並不難，只要能透過生活作息與環境的自發性調整，便可達到有效的改善與治療，因此請遵守以下的電力十足生活公約！

生活公約1 維持作息規律的生活：

養成定時入睡、定時起床的好習慣。儘量不要因前一天睡不好而在白天補眠，免得影響到第二天晚上的睡眠。

生活公約2 保持輕鬆的身心：

隨時維持輕鬆愉悅的心情。尤其是在睡前，不要害怕或擔心失眠，有時越緊張反而越睡不好，也不用太計較睡眠時間的長短，只要醒來覺得恢復體力即可。

生活公約3 養成運動的習慣：

運動除了可以增強體力、幫助血液循環，還能讓大腦分泌出一種能夠紓緩情緒的物質。因此常有人說，運動是保持年輕活力的特效藥。

生活公約4 補充身體所需的營養：

除了飲食均衡、三餐定食定量之外，不妨每天補充維他命B群，它不但可以促進新陳代謝，還有助於修補受損的細胞與神經組織，還能安定焦慮的情緒，提升身體活動力與記憶。

生活公約5 對自己好一點：

雖然男人必須要擔負很多的責任，但就是因為如此，才更應該對自己好一點，正所謂要有健康的身心，才有能力去照顧自己身邊需要照顧的人。工作之餘，不妨從事一些有興趣且健康的活動，除了能讓你覺得更有活力之外，也能讓平日緊繃的情緒得以放鬆。

Chapter 2

熟男外貌協會
之整型篇

　　拜現代科技所賜，想要從一個人的臉上，看出他的年齡似乎不再那麼容易了，每個人就像被施了魔法一般，將歲月給停駐了下來；又或是你有沒有發覺，身邊的人一個個變得越來越順眼、有型？他很可能就是偷偷做了一點手腳…

　　以前的男性較願意將錢花在換車子、電腦3C科技產品，而女人卻總是把錢投資在自己身上，保養美容品、衣著服飾，這不是沒有道理的，畢竟外貌是一輩子跟隨著自己，而它也正是給人第一印象好壞的重要關鍵。

　　年輕時的你也許不懂得好好照顧自己，更沒有保養的概念，以致於讓自己的外表比實際年齡看起來老了好幾歲，想要找回青春，現在還來得及。整形已不再是女人的專利，男人也可以藉由它找回自信，讓自己裡裡外外都更具競爭力！

熟男最愛 五大整容術

根據一項整形醫院的數據統計，前往整形診所的男人越來越多，平均年齡約在38歲左右，這也證明了一件事，現代的男人也開始懂得積極去追求完美了。繼男性沐浴乳、男性保養品紛紛崛起攻佔市場後，就連整形診所也開始專為男性而開設，讓男人能更加大方的"愛面子"！

不過，男人終究是理性的動物，因此對於整形的需求，還是以實用性為主，以下是在熟男界中超高人氣的整形術前五名：

第一名　除皺

第二名　去除老人斑

第三名　去除眼袋

第四名　生髮

第五名　重振雄風整型術

隨著科技的進步，就連整形的方式也出現許多選擇，而大多數的人還是希望能採取不開刀的方式，而且越是神不知鬼不覺越好，以下就是幾種最熱門的整形方式、價錢與優缺點比較，可以給想要找回年輕的你作為參考！

熱門整型術NO.1>>除皺手術

　　說到皺紋，總是會讓人把它跟年齡劃上等號，而現今的除皺方式有很多，因此要根據不同的紋路和需求選擇適合的方式。在前一篇的章節中，我們介紹了許多防範皺紋出現的方法，如果對你來說，已經為時已晚，那只好求助醫學科技來幫你掃除歲月所留下的痕跡了。

肉毒桿菌

　　有一種皺紋，也許平常看不到，但是當臉部做出表情時，它就會隨之出現，例如抬眉時額頭上出現的抬頭紋；微笑時眼角出現的魚尾紋和唇紋，還有習慣性皺眉所出現在眉間的皺紋，這種紋路就稱之為動態紋。

　　動態紋會隨著時間慢慢加深，如果置之不理，它最後就會變成一道道明顯的紋路，因此平時就要多注意，不要習慣性的過度誇張臉部表情。而想要改善動態紋的話，可以施打肉毒桿菌。

治療方式
　　醫師會先診斷哪些部位可以使用肉毒桿菌達到最好的效果，依照皺紋的分佈和深淺，決定注射的劑量，注射前稍微冰敷，不需要局部麻醉，利用極細的針頭將少量的肉毒桿菌注入運動過度的部位，治療後可立即進行正常活動。

作用原理
　　肉毒桿菌的作用原理，其實是將毒素注射到肌肉內，以阻斷運動神經末梢的傳導功能，使過度收縮的肌肉鬆弛，肌肉一旦收不到神經訊號便不會收縮，也就不會產生動態紋路了。

療程時間
　　注射治療大約只須十分鐘即可完成，快速又安全，不用開刀手術，也沒有大量出血的疑慮。

維持時效
　　肉毒桿菌並非永久性的治療，其除皺效果約持續四至六個月，效期長短依個人體質不同而異。

潛在的危險性

1. 少數情況可能會導致皮下瘀血
2. 極少數情況可能會導致眼瞼下垂、複視，因此須
   尋求專業醫師執行手術。

費用

價格依使用劑量多寡計費，一般的除皺費用如下：

皺鼻紋：約三千左右

抬頭紋：約六千～八千左右

皺眉紋：約六千～八千左右

魚尾紋：約六千～八千左右

注意事項

1.同一部位間隔至少4個月以上，較不會產生抗體。

2.治療後4小時內，不可用手去揉注射的部位。

3.可多做注射處的表情運動，以幫助藥物擴散更均
   勻。

玻尿酸

玻尿酸原本就存在肌膚內，它能增強皮膚的保水能力，使得彈力纖維及膠原蛋白處在充滿水分的環境中，讓皮膚具有彈性。隨著年齡的增長，玻尿酸便會逐漸流失，肌膚漸漸開始缺乏水分，失去原有的彈性與光澤，於是皺紋、老化的現象便出現了。

玻尿酸的使用範圍不受限於動靜態的紋路，可做不同的臉部雕塑如皺紋、抬頭紋、眉間紋、魚尾紋、笑紋、法令紋等，還可以填平凹洞、青春痘疤，以及美化下顎線條、增加鼻子高度等等。

作用原理

含有高鎖水能力的玻尿酸，與皮膚組織具有高度的相容性，可以填充乾癟的組織，柔軟乾燥龜裂的肌膚，達到增濕保濕、嫩膚與抗衰老的功用，讓皮膚得以保濕並改善皺紋。

治療方式

通常注射一個部位的療程需要10～30分鐘，治療後可以立即恢復正常生活，不需要恢復期，術後也不會留下疤痕或痕跡。

療程時間

注射治療大約只須十分鐘即可完成，快速又安全，不用開刀手術，也沒有大量出血的疑慮。

維持時效

一般可維持半年至一年以上，但也會因年齡、肌膚類型、生活型態、肌肉活動力以及注射技術等因素而有所不同。

潛在的危險性

玻尿酸具有高度的相容性與安全性，注入體內產生過敏、排斥的現象機率極低，通常只是注射部位會發生像是腫脹、發紅、疼痛、變色、異物感及注射部位有鬆軟的觸感，這些症狀通常於注射後一至二週會消失。

費用

價格依實際針劑數量計算，約兩萬五至三萬五左右。

注意事項

1. 注射治療後，會有腫脹、發紅、疼痛、搔癢、皮下瘀血及注射部位有柔軟的觸感，這些症狀通常會在注射後1-2週自動減輕。
2. 療程過後不要喝酒、也不要進行三溫暖。
3. 施打後3~4日會追蹤，二週內視情況追加注射。

電波拉皮

電波拉皮是一種非侵入性、免開刀、不流血以及不需要恢復期的安全治療模式，因此目前有許多人選擇以這種方式來達到除皺抗老的目的，不過由於算是一種新興的技術，因此缺點是費用較高。

電波拉皮非一次就能看到效果，通常必須經過數次的療程，而且因為是藉由刺激肌膚深層的膠原蛋白活化，達到緊實作用，所以以年紀越輕或是皺紋不至於過深的人，效果會比較顯著。

作用原理

電波拉皮是利用電波的穿透作用，刺激肌膚深層的膠原蛋白再度活躍起來，促使真皮層恢復緊實與彈性，讓皺紋由深變淺並逐漸消失，而真皮層的膠原蛋白在60～65℃的溫度，會產生立即收縮的特性，使鬆弛的皮膚有向上拉提、緊實的拉皮效果，並且刺激自體膠原蛋白在往後的3個月到半年內增生。

療程時間

手術時間依治療的施打的發數而定，每次需一至二各小時左右。

維持時效

根據臨床治療統計，電波拉皮的效果一般可以維持2年以上，以持續漸進的方式達到自然緊實的改善效果。

治療方式

在進行療程前，會先在局部塗抹麻醉劑，等待數十分鐘使麻醉劑產生效果，然後在臉部印上棋盤狀的線條作為電波拉皮的導引，藉由格線的指引輕壓在治療的部位，醫師會隨時依病人的感受調整能量，並重複此一步驟至治療完成。電波拉皮沒有術後恢復期，術後的皮膚也不會產生結痂的問題，可立即正常生活。

潛在的危險性

電波拉皮是一種非侵入性的拉皮技術，具有不用開刀、無需全身麻醉、無傷口、恢復期短等優點，不過若是醫師操作不當，有可能會引起灼傷或反黑的危險性。

費用

以施打的發數及探頭面積作為計費方式，約10萬～15萬左右

注意事項

1. 癲癇患者、患有免疫疾病、配置心率調節器患者不適合治療。
2. 非立即呈現完整效果。
3. 治療後皮膚有微紅、微熱感、微乾、（類似曬太陽後的感覺）、皮下略微腫脹疼痛等現象屬於正常反應。
4. 治療後可以正常洗臉、保養，但因皮膚有暫時性較乾的情形，請加強保濕與防曬。
5. 治療效果及次數因個人年齡、膚況而異。

男體 使用手冊
men's body guide

拉皮手術

　　如果是屬於嚴重的皺紋及皮膚鬆弛問題，拉皮手術是最快速有效的方式，不過，由於這個方式需要動刀，因此會有一定的傷口和復原期，所以除非是對於自己的皺紋老化問題極度不滿，一般人不太會考慮動這種手術。

　　拉皮手術的工程浩大，效果和時效自然也明顯持久，所做的範圍可包括前額、臉頰、及下巴。

治療方式

全臉傳統拉皮手術

　　由於手術傷口相當長，出血量較多，留下的疤痕也較明顯，約50～60公分左右。手術後頭皮後方還會麻木一段時間。

內視鏡前額拉皮手術

　　只切五個約一公分的小傷口，將額頭的皮膚剝開後，在內視鏡的放大下切除造成皺紋的肌肉，並將頭皮往後拉，再以鋼釘或縫線固定。

維持時效

全臉拉皮手術：六年～十年
內視鏡前額拉皮手術：五年～十年

療程時間

全臉拉皮手術：三小時～五小時
內視鏡前額拉皮手術：一個半小時～二小時

費用

全臉拉皮手術：約十五萬～二十五萬左右
內視鏡前額拉皮手術：約十萬～十二萬左右

潛在的危險性

　　對麻醉劑以及藥物過敏反應者不適合。

　　曾有術後發生皮下血腫及皮膚壞死，或顏面神經麻痺的案例，而血腫塊有必要時須移除。顏面神經麻痺大多是暫時性的，有時在傷口附近有落髮現象，出現不對稱或是麻木感。

　　傷口的癒合與術後效果與病人的末稍循環有絕對的關係。

注意事項

1. 術後72小時內多做冰敷，術後約三天可改成熱敷，幫助消脹去瘀。
2. 術後一週內睡覺宜抬高頭部，手術後初期宜減少水份攝取量，以免眼睛周圍腫脹。
3. 術後一週內大部份時間宜以頭壓迫前額以增加固定性。
4. 術後應加強保濕及防曬的工作。
5. 請務必戒煙及戒酒，抽煙將影響血液循環，延遲傷口癒合。
6. 勿做劇烈的前額按摩運動。
7. 生活作息力求規律不熬夜，並注意日常的皮膚保養。
8. 食物方面除了刺激性的食物（如辣椒、酒、菸、咖啡等）外，無其他禁忌。

熱門整型術NO.2＞＞去除老人斑

　　一到夏天，紫外線的指數拼命飆高，出門在外，如果不做好紫外線的隔離措施，皮膚很容易就會受到傷害，造成黑色素擴散以及老化現象，如果再加上平時的清潔工作不夠徹底，臉上很快就會開始出現一個個俗稱老人斑的黑印，這些斑印不但會對外觀造成影響，還會不斷增生，進而破壞皮膚表面的光滑。

　　老人斑因為其形狀和觸感不同，常見的分為以下兩種：

曬斑

　　60歲以上的老人家約有90%會在皮膚上出現這種斑印，它除了與年齡有關之外，大量累積的日曬是最主要的成因。它剛開始一般是以不起眼的淺棕色小圓點出現，經過一段時間之後，顏色會慢慢變深並且擴大，有些甚至能大到約一塊錢銅板的大小，而且不只在臉上會出現，任何會曬到陽光的部位包括手背、手臂、胸口、小腿都有可能會出現這類曬斑。傳統的曬斑治療方式，是以冷凍、化學換膚治療法，但自從有了雷射醫療後，以雷射加上脈衝光或是去黑型雷射的雙重治療方法，已成為非常受到歡迎的醫療方式。

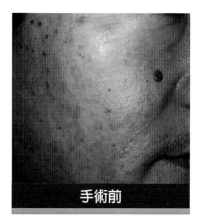

手術前

脂漏角化

　　另一類常見的老人斑則是脂漏角化。它經常出現在30歲以上的族群，並且同樣也會長在任何部位的皮膚上，剛開始與曬斑相同，只是一個棕色圓點，但之後表面角質會開始增生，呈現不規則的突起，除了造成視覺上的不雅觀之外，少部分患者還會有搔癢感，這多半是因為局部受了一些刺激所造成，有時因為體質關係，使得它會在身上大量出現。而脂漏角化可以以冷凍療法去除，不過如果患者的情況較嚴重，則不妨考慮以雷射去除也有相當好的效果。

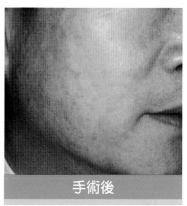

手術後

圖片由亞立山大時尚整形診所提供

雷射光

由於老人斑的形成，是因為黑色素的激增和舊廢角質層堆積所造成的，因此必須利用類似磨皮的技術進行清除，而傳統的磨皮技術，有時會造成過深或過大的傷口，如果術後護理不佳，則有可能導致反效果。而新一代的雷射光技術，則能有效控制斑印的清除範圍，使得傷口可在短時間內復原。

作用原理

利用高效能的雷射光技術，將有老人斑印的皮膚汽化，讓該部位的組織重新生長，之後只要加強隔離紫外線和肌膚保濕，就能恢復光滑潔淨的膚質了。

治療方式

醫師會先以注射或塗抹麻藥的方式進行局部麻醉，約二十分鐘後即可進行雷射光療，治療後只要多注意傷口的防曬和清潔，並不會影響日常作息。

療程時間

治療時間依據老人斑的範圍和多寡而決定，由於傷口不大，術後幾乎不會造成任何不適感。

維持時效

只要傷口護理得當，日後多加強皮膚的防曬隔離以及保濕工作，將可長效維持術後效果。

潛在的危險性

手術後的護理工作很重要，尤其一次性的大量去除臉上斑點。因為傷口的保濕和防曬會影響到日後的復原效果，因此在新生組織癒合及生成時，需要較費心的照料，以免日後臉上肌膚的色差太大，反而會變成一張大花臉。

費用

價格依除斑的平方面積來計算，每平方公分約二千元。

注意事項

1. 術後可能需要吃抗生素，以避免傷口發炎。
2. 可在傷口上貼人工真皮，加強保濕和消菌。
3. 傷口復原後，出門時一定要擦防曬或隔離霜，以預防紫外線的二度傷害。
4. 徹底清潔肌膚，並且定時幫肌膚去除老化角質。

熱門整型術NO.3 > > 去除眼袋

眼袋和皺紋一樣,與老化劃上等號。隨著年齡的增加,皮膚開始鬆弛老化,漸漸無法包裹和支撐住堆積在眼睛下方的油脂,於是眼袋就出現了。而長期使用電腦的上班族,也會因為眼睛過度疲勞,讓眼袋提早來報到。

傳統眼袋割除術

一般較傳統的眼袋割除方式,是沿著下眼瞼處,也就是靠近下眼睫毛生長的部位,剪開一道缺口,將形成眼袋的多餘油脂與鬆弛的皮膚去除,最後再進行縫合。

治療方式

醫師會先進行局部麻醉,靜待約二十分鐘麻藥發生效用後即可開始進行手術。現在的傳統眼袋割除術,都是以雷射方式進行割除,所以復原期較快。

療程時間

等待麻醉藥發生作用的時間約二十分鐘,但實際的手術時間約為半小時到四十五分鐘,再加上手術後冰敷的時間,大約共需要一個半小時左右。

維持時效

手術通常是改善外觀一勞永逸的方式,但還是必須要加強術後的保養,才能延緩老化再度發生的時間。

潛在的危險性

1. 如果割除過多脂肪,有可能導致眼眶凹陷或眼瞼外翻的後遺症,因此醫師的專業經驗很重要。
2. 屬於疤痕體質的人,容易在術後留下較明顯的傷口。

費用

約兩萬五千至三萬五千不等。

注意事項

1. 手術完後眼睛周圍會出現部份瘀血、腫脹的情況,因此剛做完手術的三天內要勤加冰敷。
2. 等到三天後開始消腫,並無皮下出血反應時,便可以改用熱敷幫助瘀血散去。
3. 做完手術三天後便可以恢復正常工作,但儘量不要讓眼睛太過疲倦。
4. 約七天後即可拆線,如果傷口還是很明顯,建議持續貼美容膠布。

筋膜整型術

如果是屬於眼球過凸，或是雖然有眼袋，但是上眼皮部位卻嚴重凹陷者，進行傳統的眼袋割除手術，術後產生眼瞼外翻或眼眶凹陷的後遺症機率就會大大增加，因此，這時可以考慮採用筋膜整型術來改善眼袋問題。

筋膜是介於肌肉和脂肪之間的一層薄膜，年輕的時候，筋膜和肌膚一樣，比較具有彈性，因此即使眼部有多餘的脂肪，也會受到彈性有力的筋膜限制而不會浮現出來，但是當筋膜開始鬆弛時，脂肪就會推擠出來，造成眼袋的出現。

治療方式

手術的切口與傳統眼袋割除手術一樣，不同的是，醫師並不會將脂肪給割除，而是透過把鬆弛的筋膜拉緊後再縫合的方式，讓堆積在下眼眶的油脂給推擠回去。

療程時間

等待麻醉藥發生作用的時間約二十分鐘，但實際的手術時間約為半小時到四十五分鐘，再加上手術後冰敷的時間，大約共需要一個半小時左右。

維持時效

此方式可以同時改善因老化而形成眼窩凹陷的問題，但手術之後還是應避免讓眼睛過度疲勞，才能保持眼部周圍肌肉與皮膚的彈性和緊實。

潛在的危險性

凡是動手術，最擔心的還是會在術後留下較明顯的傷口，以及一些後遺症，因此在術前應多向醫師了解手術的過程，還有術後的護理工作一定要確實執行。

手術前

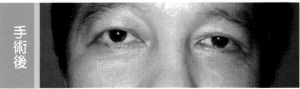
手術後

圖片由亞立山大時尚整形診所提供

費用

約三萬至三萬五千不等。

注意事項

1. 手術完後眼睛周圍會出現部份瘀血、腫脹的情況，因此剛做完手術的三天內要勤加冰敷。
2. 等到三天後開始消腫，並無皮下出血反應時，便可以改用熱敷幫助瘀血散去。
3. 做完手術三天後便可以恢復正常工作，但儘量不要讓眼睛太過疲倦。
4. 約五～七天後即可拆線，如果傷口還是很明顯，建議持續貼美容膠布。

消脂針

消脂針是一種不需要動刀就能消除身體脂肪的醫學美容方式，這種方式較適合非皮膚鬆弛所造成的脂肪堆積型眼袋，由於是靠注射藥物的方式，因此沒有手術復原期以及術後護理的問題，因此也更容易被一般人所接受。不過值得注意的是，這種方式的效果因人而異，因此變異性極大，不一定能夠達到百分之百的滿意程度。

療程時間

需要先局部麻醉，之後才進行消脂針的注射。

維持時效

消脂針的效果並非一針見效，通常需要注射兩針以上，而且要經過一段時間後才能看到效果。

潛在的危險性

1. 消脂針的主要成分還未通過衛生署的藥物許可，雖然目前並未有副作用的案例，但還是具有一定的爭議性。
2. 實際效果並不明顯，並非適用於所有人士。
3. 藥物來源未受到管制，因此有可能使用到來歷不明的藥物。

作用原理

將一種能加速脂肪新陳代謝的藥物，透過直接注射皮下脂肪層的方式，將皮下多餘的脂肪給溶解並代謝出身體外。這種藥物最初是用來治療溶解血管中的脂肪栓塞、降低膽固醇和消除脂肪瘤。

費用

約一萬五千至兩萬元左右。

注意事項

1. 注射完後眼睛周圍會出現部份瘀血、腫脹的情況，有時還會有些許不適感。
2. 效果因人而異，且治療期頗長，需要等兩個月左右才能看到實際效果。
3. 有可能會產生眼部細紋的後遺症，必須加強眼部保養。
4. 若眼部周圍皮膚較鬆弛的人，使用這種方式，可能使得鬆弛問題更加嚴重。

熱門整型術 NO.**4** > > 生髮手術

如果發現頭髮有逐漸減少的跡象，例如大量落髮、髮際線開始升高等問題，不免讓人緊張這是否會是禿頭的前兆，若是因為壓力、日常作息不正常所造成的暫時性脫髮，只要放鬆心情、恢復正常作息，問題很快就能獲得改善。不過如果是遺傳、老化所造成的脫髮，可能就要藉助醫學的力量加以解決。

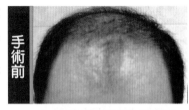

手術前

中胚層復髮術

出現嚴重的脫髮現象，並不一定是毛囊死亡所造成的，有時因為頭皮血液循環不良，或是供給毛髮生長的養分不足，就會讓頭皮毛囊進入休止期，使得頭髮只會掉落而不再生長，這種情況就適合採用中胚層復髮術。

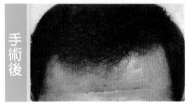

手術後

圖片由亞立山大時尚整形診所提供

療程時間

剛開始每一到兩週進行一次，幾個療程之後，只需每月進行一次，約連續治療六到十個月。

維持時效

只要能讓休止期的毛髮恢復成為生長期，之後定期深層護髮，讓毛髮保持健康，就能長效維持。

作用原理

將一些混合藥物的配方如：維他命B、C及一些角質、黑色素的前驅物、礦物質、胺基酸和鋅等營養素直接注射到頭皮下的胚層，透過中胚層的血液循環功能，補充所要的營養及先驅物質，以促進頭皮的健康發展，因此它也被稱為雞尾酒復髮術。

費用

每注射一次的費用約在一萬元左右，全套的療程需注射約6~10次。

注意事項

1. 注射時會有一定的疼痛感，患者必須要有心理準備。
2. 因雄性禿或毛囊萎縮所造成的脫髮，不適合採用這種治療方式。
3. 採取中胚層復髮術治療的同時，還需要搭配使用一些特殊的洗髮護髮成分及促進毛囊營養的居家產品，使得治療效果更加顯著。
4. 效果會因個人體質不同而有所差異。

毛囊單位植髮術

　　大多數患上禿頭症狀的男性，有百分之九十以上是雄性禿所造成的，這種由前額延伸至頭頂，而兩側及後腦則不受影響的地中海型脫髮問題，光是靠加強洗髮和護髮是很難解決的，因此一勞永逸的快速方法，就是以先進的毛囊單位植髮技術，配合快速植髮筆的使用，來解決頂上無毛的窘境。

作用原理

　　由於後腦及兩側的頭髮，不會受到男性荷爾蒙的影響而掉落，因此在進行植髮時，醫師會選擇生長在這兩個部位的頭皮毛囊做移植，經過移植後的毛髮只要護理得當，同樣也能抵禦男性荷爾蒙對毛囊的攻擊而繼續生存，並正常生長。

維持時效

　　只要醫師的技術精良，經過移植的毛囊生存率最高可達百分之九十九，且日後不會再受到男性荷爾蒙所影響，但還是要注意清潔和護髮的工作。

療程時間

　　每一位接受植髮的人都必須先接受頭髮密度檢測，以計算出所需要移植的頭髮數目，移植的單位以「株」來計算，每株毛囊單位中有約1到4根的毛髮。由於移植的技術和步驟非常繁瑣，因此往往需要由兩位以上的醫師組成團隊進行，而治療時間則要依照移植的範圍來計算。

費用

　　以一株毛囊做為一個計算單位，因技術與方式的不同，每株約100元到240元不等。

注意事項

1. 進行植髮手術後的第二天即可恢復正常作息，但不宜進行劇烈運動，以防移植的毛囊脫落，約十天後才可恢復正常運動。
2. 一般3-7天在前額、眼瞼與耳後會有輕微的腫脹，通常在初期最為明顯，之後便會慢慢消腫。
3. 在植髮時會令一些微血管與神經受到短暫阻擾，導致麻木感產生，但多半會在數個月後漸漸恢復正常。
4. 植髮後初期，植入的毛髮與移植區附近的毛囊會開始掉落，使得頭髮看起來更稀疏，這是因為植髮時一些供血的微血管暫時性受到阻斷所造成，但這些頭髮會在2-3個月後全部重新長出來。

熱門整型術NO.5 >> 重振雄風整型術

　　猶如女性希望自己的胸部豐滿一樣，男人同樣也希望自己的性特徵能夠非常雄偉，雖然大家都知道，性器官的大小和能力並無關聯，但仍然不由自主地會陷入這個迷思之中，有些人更嚴重到，因為心理上的自悲而影響到生理反應，所以即使本身沒有任何異常，但就是"提"不起勁。若是情況真的如此嚴重，似乎就有進行這種整型手術的必要了。

能夠讓男人重振雄風的整型手術
大致分為三種：

■ 第一種　人工陰莖植入術
■ 第二種　陰莖增長術
■ 第三種　陰莖加大術

　　雖然這些整型手術能夠讓男人更加充滿自信，但在這裡還是要提醒各位躍躍欲試的男性同胞們，手術畢竟具有一定的風險性，要懂得對症下藥才能真正解決問題，因此一定要經過審慎的思考和評估，確定對手術有了完全的了解以及一定的需求再做出決定。

人工陰莖植入術

這是一種真正具有治療陽萎問題的手術方式，不過在選擇這項手術之前，醫師通常會先進行一系列的檢查與評估，以實際了解患者的問題發生原因，通常在進行過藥物、注射和其他治療都宣告失敗後，才有可能選擇嘗試進行這種手術。

作用原理

所謂的人工陰莖植入是指在陰莖的海綿體之中植入人工陰莖物，依不同的功能可以分為硬式、半硬式以及調整式三種外型，以幫助勃起不行的病患解決他們的性功能問題。

治療方式

手術多半以半身或全身麻醉方式進行，調整式的人工陰莖通常在陰莖根部、陰囊以及下腹壁各有一個2到3公分的切口，在皮膚下層植入貯存器以及幫浦，因此手術比較複雜，相對的，半硬式的人工陰莖植入，只要在陰莖根部開一個2公分的小傷口，所以手術過程較為簡單、恢復期也較快。

復原期

以前進行這類手術時，可能需要住院觀察一天，主要是因為要觀察麻醉恢復之情形、或者是流血的問題，但目前都已進步到不需要住院，不過有時醫師會留置導尿管排尿一天，以防止因為手術而引起的急性尿道出口阻塞或排尿不順暢的問題。

潛在的危險性

如果是多重或過度刺激，有可能造成人工陰莖穿破皮膚，使得人工陰莖必須被迫取出重置。

因為海綿體與尿道相互磨損受傷，有可能引起尿道與皮膚之間相通的漏尿問題。

由於人工陰莖是放置在海綿體之中，因此植入的同時已經造成海綿體的永久性破壞，若想要再將人工陰莖取出來，將會導致問題更加嚴重。

如同隆鼻以及隆乳一樣，位置放的不好也會造成患者滿意度下降以及陰莖的奇形怪狀，一般而言由於柱狀體的位置固定，只要有經驗的醫師都可以在顯微鏡之下清楚的看見陰莖白膜層，因此也不會有誤植的問題。

注意事項

1. 手術完成之後，除了傷口的護理，病人也需要口服抗生素約兩星期，以避免可能的細菌感染等問題。
2. 術後的六個星期內，不能穿太緊的內褲，否則容易引起傷口破裂或感染。
3. 凡是植入物都會有感染的可能性，如果衛生習慣不好或者是經常性包皮發炎也很容易造成植入物感染。

陰莖增長術

有些人認為自己的陰莖不夠長，無法滿足自己的女伴而耿耿於懷。事實上，正常女性陰道的長度約七至十公分，而女性的高潮點（即所謂的G點）約在陰道前壁1/3處，因此五公分左右的陰莖長度事實上足夠引起大部份女性的愉悅感了，以亞洲男性來說，如果陰莖勃起時，長度大約10公分就算是正常了。

目前要增加陰莖的長度，最有效而安全的方式，就是利用手術的方式，改變自身的組織結構，達到增長的效果，但是這種手術具有一定的危險性，因此奉勸各位男性朋友，在決定做這種手術之前，一定要謹慎考慮清楚。

治療方式

懸韌帶切斷術

這是將位於上腹中的陰莖懸韌帶，利用開刀的方式予以放鬆，只要在手術之後做拉長、按摩的運動，防止疤痕攣縮，就能使陰莖成功增長兩到三公分的長度。

VY皮瓣前進術

進行手術時，醫師會於患者的下腹部與陰莖根部做ＶＹ切開術，可使患者的陰莖長度增長約兩公分。

陰莖根部抽脂術

這是一種利用抽脂讓陰莖達到視覺上增長的方式，因此對於因肥胖而產生困擾的男性效果較佳。

費用與復原期

第一及第二項的費用約為12萬到16萬之間，手術一週過後可以上班，一個月後可恢復正常性生活。

至於陰莖根部抽脂術的費用約在6萬元左右，術後對正常生活較沒有太大影響。

注意事項

懸韌帶切斷術具有一定的危險性，曾經就有因做了這類開刀手術，反而造成性無能的個案，或是手術過後，導致陰莖無法固定，變成「屌兒郎噹」，以及傷口處理不佳，留下明顯疤痕，更嚴重的情況則是導致其他感染問題發生。

自體脂肪移植陰莖加大術

　　根據統計，台灣男性的陰莖在勃起狀態時，圓周徑大約介於10至12cm，透過目前的醫學整型方式，可增加2-3cm。而想要使陰莖變粗的方式有很多種，例如人工真皮、注射玻尿酸、自體脂肪移植等，但前兩者的成本很高，而玻尿酸注射也無法持久，因此目前以自體脂肪移植最受歡迎。

手術方式

　　透過局部麻醉的方式抽取腹部、腰部或是下腹部脂肪，經過篩選後，將適合移植的脂肪以注射方式，植入包皮內，就能讓陰莖變得粗大。

費用與復原期

1. 自體脂肪移植費用大約6到8萬元，復原時間須2～3週
2. 打玻尿酸每西西2到2.5萬元，復原時間須3～5天
3. 人工真皮增粗費用大約16至18萬元，復原時間須3～4週

注意事項

　　自體脂肪由於來自自己的身體，因此相容性較高、觸感也自然，但仍有被吸收或鈣化的問題，故不適合一次進行大量移植，若是移植脂肪被大量吸收，有可能需要兩次以上的注射。而人工真皮的問題，就是若植入的材質比較硬，容易引起不適或可能發生感染；注射玻尿酸則因人體吸收的關係，使得每半年至一年需要再次進行注射。

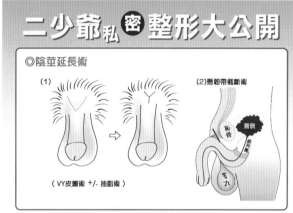

二少爺私密整形大公開

◎陰莖延長術
(1)　　　　　　　(2)懸韌帶截斷術
（VY皮瓣術 +/- 抽脂術）

◎陰莖增粗術

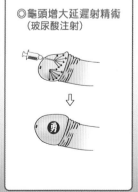

◎龜頭增大延遲射精術
（玻尿酸注射）

亞立山大時尚整形診所
Alexander aesthetic surgery clinic　TEL: (02) 2752 9018　Email : service@alx.com.tw

圖片由亞立山大時尚整形診所提供

Chapter 3

熟男
養成計劃表

　　想要成為一個讓男人羨慕、讓女人愛慕的魅力熟男嗎？可不是光靠天生一張帥帥的臉就夠嘍！尤其是隨著年齡的增加，生理機能開始衰退，如果再不花點心思好好照顧，很快就會未老先衰。

　　熟男養成計劃，教你從肌膚保養、身體保健到體態儀態，全方面的照顧，讓你從裡到外散發出電力十足的男性魅力！

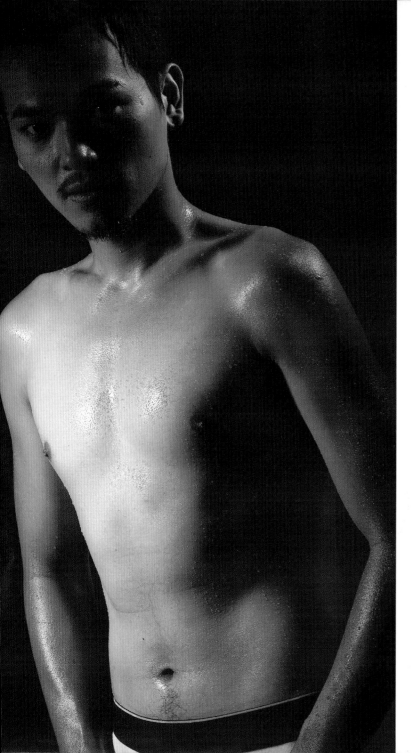

PART 1 保養篇

想要有面子，保養基本功不能少，簡單的基礎保養步驟，讓你年年看來都是二十五歲！

PART 2 健康篇

男人到了中年之後，有些疾病便很容易找上門，不想誤闖這些健康威脅地雷區，就必須知道應該如何預防。

PART 3 運動篇

運動除了可以讓身體展現出充滿力量的線條之外，還能增強身體免疫系統、保持愉悅放鬆的好心情。

PART 4 儀態篇

十個惹人嫌惡的小毛病，讓別人對你的形象大大扣分！不願做個人緣絕緣體，生活習慣上的小細節千萬要注意！

+ *Part 1* 保養計劃

千萬別以為男人的肌膚不像女人那樣嬌嫩，所以就不需要特別照顧，恰巧相反的是，大多數男人的膚質都偏油，再加上經常在外奔波，如果清潔護理工作沒有做好，很容易就會發生許多肌膚問題，例如面皰、毛孔粗大、斑印…這些都是男性經常面臨的狀況，如果不加以注意，不僅會影響外貌，還有可能會不斷惡化，導致演變成發炎、敏感性膚質，因此誰說男人的肌膚保養不重要呢？

雖然男人的肌膚保養很重要，但也很簡單：

清潔（洗臉加上定期去角質）➔刮鬍護理
➔ 滋潤保濕

只不過是幾個步驟，就能給肌膚充分的照顧。準備好開始照顧你的肌膚了嗎？那就跟著我們的保養步驟看下去吧！

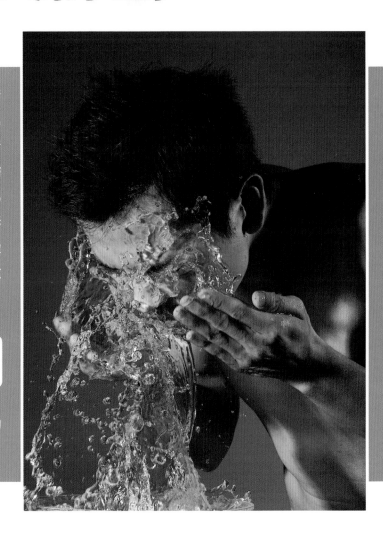

保養第一步＞＞了解你的膚質

不同的膚質所需要的保養重點也有所不同，確認了你的肌膚類型，才能針對肌膚特性選用適合的保養品。

肌膚的類型大致上分為

油性膚質

約百分之七十的男性都是屬於這種膚質。油性膚質的人，毛孔粗大明顯，尤其是額頭、鼻子、下巴的T字部位，整個臉總是油油的，即使洗完臉不到一小時，肌膚就會開始出油，因此很容易長粉刺、痘痘。

乾性膚質

極少數部分的男性是屬於這種膚質。雖然擁有乾性膚質的人，不容易出現像油性肌膚者的問題，但由於油脂明顯分泌不足，洗完臉後5分鐘後即有緊繃感，而且皮膚會因乾燥而顯得暗淡沒有光澤，不但缺乏彈性，還很容易有小細紋和斑點產生。

混合性膚質

這是一種結合了油性與乾性膚質特性的肌膚。由於T字部位皮膚皮脂腺分佈較多，所以偏油性，但兩頰因為缺水，導致乾澀、緊繃，因此屬乾性。這種膚質因為較複雜，故保養工作也比較麻煩，需要分區來進行。

men's body guide

肌膚的類型大致上分為

　　現在的男性保養專櫃也不少，因此想要開始保養肌膚的男人們，別再用身旁女伴的護膚品了。知道了自己的肌膚狀況後，根據你的肌膚問題選擇適合的男性專屬保養品，讓它得到最完善的照顧。

油性 膚質男看過來!!

　　想要解決油性肌膚的常見的面皰、粉刺問題，清潔工作最重要！因此要選擇清爽不含油脂的洗面乳、去角質霜，可以徹底清潔毛孔裡的皮脂髒污。除此之外，再加上可以控制油脂分泌、收斂毛孔、防曬的保養品，就能讓你的皮膚不再隨時油膩膩。

產品選擇重點

具有清爽潔淨效果的洗面乳
收斂、清潔水
溫和去角質霜
輕爽型乳液
控油保濕產品

產品選擇重點

具有滋潤效果的洗面乳
可提供良好保濕效果的乳液、乳霜
保濕精華液
保濕面膜
溫和去角質霜

乾性 膚質男看過來!!

　　乾性肌膚的人，容易產生乾紋、細紋、斑點等現象，因此要讓肌膚角質層獲得足夠的水分，還需要適當補充油脂，為肌膚表面提供一層鎖水膜，這樣才能把水分緊緊留住，讓肌膚保持健康有彈性。

混合性 膚質男看過來!!

　　混合型膚質的問題，就是容易在額頭或鼻子皮脂腺分泌旺盛的周圍產生面皰，但臉頰、眼睛或嘴角附近的乾燥地帶又可能形成細紋，因此對付這種油乾參半的問題肌膚，必須要分區保養，以達到肌膚油水均衡的平衡狀態。

產品選擇重點

清爽型洗面乳
清爽型收斂水
保濕精華液
清爽型乳液
溫和去角質霜

保養第二步＞＞洗臉

　　保養最基本且每天必做的功課，就是清潔洗臉。累積了一整天的皮脂髒污，光靠清水並不能達到完全的清潔效果，使用泡沫細緻的洗面乳做好清潔工作，才能徹底去除臉上髒污。

　　基本上來說，洗臉用產品通常有乳狀、凝膠狀、皂狀的選擇，雖然都具有清潔作用，不過質地不同，使用起來的質感也不盡相同。乳狀洗面劑可以給你多一點滋潤的觸感，凝膠狀洗面劑洗後有清爽感，肥皂狀的洗面劑則有潔淨光滑的質感，喜歡哪一種，就讓你的膚質來說話吧！

 洗臉時機

　　不論你是哪一種膚質的人，正常的情況下，早晚各一次的清潔工作就已足夠。不過如果你是整天出門在外，或是非常容易出油、出汗的人，那麼建議你可以一天洗三次臉，不過，洗臉次數可不是越多越乾淨，小心把皮脂的自然保護都洗掉了，反而會對皮膚造成傷害，或是讓肌膚變得更容易出油。

注意事項

　　別以為洗臉誰不會，哪還有什麼注意事項！其實洗臉的學問可不少，小小細節千萬別忽略。

1.洗面乳千萬不可以直接塗抹在臉部搓洗，因為沒有搓揉起泡的洗面乳就直接往臉上塗洗，不但清潔效果打折扣，洗面乳更是容易殘留在臉上引發青春痘。

2.用水溫偏低的水來洗臉，即使是冬天，也最好能用溫水來洗臉。一般大多認為用溫熱水洗臉可以使毛孔張開，能將臉上的毛孔洗得更乾淨，其實這是一種迷思，因為雖然溫熱的水會讓臉部的毛孔張開，但是過高的水溫，不但會破壞皮膚的天然皮脂膜，還會讓表皮的保水功能下降，增加洗面乳對皮膚的傷害，尤其是敏感性的肌膚更是要注意。

3.用乾淨的衛生紙或面紙按壓拭乾能預防反覆感染的機會，因為一般的人不可能天天在消毒毛巾，而毛巾就會比較容易滋生細菌，臉部的肌膚是需要呵護的，紙巾用完即丟方便又衛生。

男體 使用手冊
men's body guide

洗·臉·步·驟

STEP 1
用溫水，或是冷水將臉打濕

STEP 4
使用流動的水將臉上泡沫沖洗乾淨

STEP 2
擠約1塊錢硬幣大小的洗面乳在
手心，搓揉起泡

STEP 3
利用細緻的泡沫在臉上按摩，特別
加強鼻翼兩側、額頭、下巴的清洗

❖SHISIDO
男人極致洗面乳
/125ml/NT$700
含苦茶萃取精華和L-丙
胺酸,能去除污垢及過
多皮脂,豐富的乳霜泡
沫,還可當刮鬍泡使
用。

❖Kiehl's極限男性活膚潔面露
/250ml/NT$800
除了徹底清潔肌膚,還能幫助肌膚抵
抗環境壓力引起的暗沉、疲憊倦
容,並減少刮鬍後的刺激。

**男性專屬
洗面產品區**

❖GATSBY
淨酷洗顏慕斯
/165ml/NT$165
含海藻萃取成分,能
徹底洗淨毛孔污垢,
亦可當刮鬍泡使用,
洗臉刮鬍快速有效
率。

❖巴黎萊雅MEN EXPERT深層潔淨凝膠
/100ml/NT$149
富含活性防禦系統的薄荷醇凝膠,帶給肌膚
清涼的享受,幫助肌膚徹底潔淨不緊繃。

❖MAN-Q 控油抗痘潔顏慕斯
/175ml/NT$320
含殺菌、複合草本精華等溫和潔淨不刺激
配方,清掃粉刺細菌,減少黑頭粉刺及毛
孔阻塞,收斂肌膚毛孔,平衡油脂分泌,強
化清潔、控油、收斂、抗痘一次完成。

❖Uno
男性洗面沐浴乳
/165ml/NT$165
可同時使用在洗臉
和沐浴的無油清潔
乳,具有吸附油脂
粉末配方,可深層
潔淨毛囊內的油脂
和污垢,洗後身體
清爽光滑不黏膩。

men's body guide

保養第三步＞＞**去角質**

台灣的男人多屬於油性或混合性膚質，若是清潔不徹底、保養品使用不當、油脂分泌過剩，或者是受肌膚老化、氣候等因素的影響而造成新陳代謝不佳，使皮膚的保水功能變差，膚色也會變得暗黃、沒有光澤，這個時候適度的去角質是必要的。

堆積在皮膚表層的老舊角質層，不僅會影響肌膚代謝作用，讓髒污無法順利排出，這時如果塗抹保養品的話，肌膚不但吸收不良，更有可能造成毛孔阻塞，引起更多的皮膚問題。因此，除了每天的洗臉工作之外，定期去除角質，為肌膚加強深層清潔，可以改善粗糙暗沉的肌膚問題，讓皮膚恢復光澤，還有活化皮膚的效果。

去角質時機

肌膚的老舊角質約2-3天形成一次，因此你可以在清潔完臉部肌膚之後，每個禮拜使用含有顆粒的去角質產品深層清潔一到兩次，也可以選用去角質與清潔效果二合一的產品，每天一邊洗臉，一邊去角質。不過比較一下這兩種產品的質地，你會發現適合每天使用的去角質霜，顆粒會比2-3天使用一次的去角質產品來的細緻，因此千萬不要拿每星期使用的產品來每天使用，以免對肌膚反而會造成傷害。

注意事項

1.去角質的產品質地較粗糙，如果使用不當，有可能保養不成，卻造成傷害。

2.儘量選擇天然質地的去角質產品，一方面減少對肌膚的刺激，另一方面也不至於太粗糙。

3.磨砂膏具有一定的硬度，因此在使用時不需要太過用力，以免傷害肌膚表層。

4.若是經常去角質，就應選擇顆粒越細緻的產品。

去·角·質·步·驟

STEP 1

將洗面乳搓揉起
泡把臉洗乾淨,
再使用溫水或冷
水將臉洗乾淨

STEP 4
使用流動的清水將臉洗淨

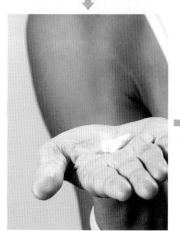

STEP 2
擠約5塊錢硬幣大小的去角質霜

STEP 3
以向上向外的動作按摩肌膚,避
開眼睛的部位

❸SHISHIDO
男人極致深層去角質霜
125ml/NT$750
具有三重深層清潔作
用,可去除黑頭粉刺、
粗糙及暗沉表皮細
胞,使用時潔淨舒
爽。

❺MAN-Q抗痘修護潔顏凝膠
110ml/NT$250
能深層洗淨毛孔皮脂污垢,溫和軟化
去除多餘角質促進代謝正常,可減緩
粉刺、面皰及
青春痘肌膚困擾。

➔Kiehl's極限男性
活膚去角質潔面霜
100ml/NT$750
混合兩種去角質顆粒可有
效去除老廢角質,同時提
供刮鬍前的準備,幫助軟化
粗硬毛髮刮鬍更徹底,肌膚清
新有活力。

男性專屬
去角質產品區

➔Uno清爽洗面乳
120g/NT$130
天然植物基礎配方,並
有大、小兩種球狀顆
粒,能洗去皮膚表層
多餘的油脂及老舊的
角質。

➔Uno炭洗顏
130g/NT$140
藥用碳能有效吸附毛
孔中多餘的皮膚油脂
及污垢,能去除老舊角
質,讓臉頰清爽光滑。

❻屈臣氏男士深層潔面
磨砂膏
110ml/NT$250
蘊含磨砂粒子可有效去
除過剩皮脂,而豐富的
維他命E、C和葡萄籽
精華,能抵禦潛在於
環境四周的游離基
對肌膚的侵害,迅
速滋潤肌膚。

保養第四步 ＞＞ **刮鬍護理**

　　如果說胸部是女人的第一性徵，那麼鬍子可就是男人的第一象徵了，不過礙於清潔方便和個人習慣因素，大多數的男人都會選擇把鬍子刮除乾淨，即使是有蓄鬍習慣的人，也免不了遇上需要刮鬍子的時候，因此對於男人來說，刮鬍子可說是男人最早接觸的必學保養術。

　　刮鬍子是一門學問，它也是男人專屬的一種享受，別再隨手拿一把拋棄式刮鬍刀就往臉上刮，刮鬍前後的保養，不僅能為你的肌膚提供更佳保護，還能讓你從中體驗到刮鬍後的清爽舒適感受！

🕐 刮鬍時機

　　許多男性習慣在早上出門前才刮鬍子，認為這樣才能以最清爽乾淨的形象見人，但有時早上的時間比較匆忙，因此根本沒有充裕的時間可以做好刮鬍前後的保養工作，剛刮完鬍渣的肌膚才經過劇烈刺激，又要立刻遭到紫外線的折磨，怎麼會不受到傷害呢？

　　其實最適當的刮鬍時機，是在洗完澡之後，那時不但毛孔都張開了，皮膚與鬍子也變得比較柔軟，刮起鬍子來不但很順暢，也能減少對肌膚的刺激。

注意事項

　　毛髮生長較快的人，如果不適合在晚上洗完澡後刮除鬍渣，可以在每次的刮鬍之前，先用熱毛巾敷一下臉，幫助毛孔擴張。

　　刮鬍後常有皮膚紅腫、不適反應者，不妨在刮鬍前先以清涼刮鬍膏軟化鬍渣，之後再使用刮鬍刀刮除。

　　使用鬍後水不僅可以收斂肌膚，還能提供鎮靜、保濕的效果，讓肌膚維持清爽舒適感。

刮 · 鬍 · 步 · 驟

STEP 1
塗抹刮鬍膏在欲修整
的部位，稍等一會待
鬍鬚柔軟再進行刮鬍

STEP 4
刮完之後，使用鬍後水收斂肌膚，提供滋潤

STEP 2
刀片貼著肌膚，順著鬍鬚生長的方
向刮鬍

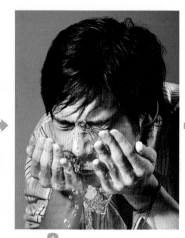

STEP 3
使用流動的清水將臉洗淨

●BIOTHERM
礦泉溫和型刮鬍霜
200ml/NT$700
含PEPT礦泉舒活因
子，能鎮靜舒緩，減
輕泛紅、灼熱等發炎
現象，使刮鬍動作更
加溫和安全。

●THE BODY SHOP
男士清爽刮鬍膏
100ml/NT$350
含維他命A、E及維他命原B5
多種精華油萃取，可以柔軟鬍
鬚，舒緩肌膚，使用後臉部略有
清涼感，並且使肌膚柔軟平滑。

●AVEDA迷迭/薄荷
刮鬍膠
150ml/NT$680
半透明的乳膠狀配
方，能提供滑順的
效果，讓您更舒適
平滑的除毛，並提
供肌膚外層必要
的滋潤。

●吉列男士刮鬍露
195g/NT$149
富含活性防禦系統的薄荷
醇凝膠，帶給肌膚清涼
的享受，幫助肌膚
徹底潔淨不緊
繃。

男性專屬
刮鬍產品區

●吉列男士刮鬍後
潤膚露/75ml/NT$150
於刮鬍後或任何時間使
用，能提供肌膚滋養而不
油膩的清新舒暢感受。

●ORIGINS
無瑕髭輕鬆刮
鬍油
50ml/NT$720
具有舒緩功效的
無瑕髭輕鬆刮
鬍油，讓刮鬍
感受更加平
滑順暢，
不會引起
刺激敏感。

●MAN-Q
全 效 精 華
平衡收斂水
150ml/NT.330
不含酒精成分的
平衡收斂水，在
洗臉或刮鬍後，能
有效收縮毛細孔、
緊實肌膚，清爽不黏
膩，並能舒緩鎮靜刮
鬍後的不適。

●AVEDA鬍後液
100ml/NT$680
不含酒精，可以平
撫及舒緩刮鬍時刮
鬍刀對皮膚所造成
的傷害，滋潤皮
膚，避免刮鬍後
皮膚乾澀。

保養第五步 > > **滋潤保濕**

　　作好清潔工作之後,接下來就是滋潤肌膚了。男性的皮脂分泌可以有效抵抗空氣、陽光、濕度對肌膚的傷害,但是卻無法對肌膚的保濕產生良好的保護,再加上抽煙、喝酒、熬夜以及工作壓力,使得多數男性都會面臨皮膚粗糙、毛孔粗大、皺紋等問題。

　　雖然肌膚保濕滋潤很重要,但對男人而言,瓶瓶罐罐的保養方式實在讓人受不了,因此針對男性所設計的保養品,多半都以一罐解決所有肌膚問題作為訴求。不過,除了擦保養品之外,最簡單實際的滋潤保濕方法,其實就是多喝水,因為能提供肌膚水分的地方,大部分是來自其真皮層的微血管,因此為身體補充足夠的水分,不但幫助肌膚保持健康有彈性,順便也能做好體內環保,可說是一舉兩得的最佳保養方。

🕐 去角質時機

　　保養就像穿衣哲學一樣,也要依照季節和膚況做調整。在平常的日子裡,出門前擦一些控油保濕的收斂水,能夠幫助肌膚維持清爽不油膩的觸感;而在陽光強烈的夏天,也別忘了做好防曬工作。男人的防曬,不是為了美白,而是避免造成光老化的紫外線傷害。至於容易造成皮膚乾燥的秋冬季,則可選擇加強滋潤保濕效果的乳液或精華液。

注意事項

　　男性與女性的保養品因本身膚質狀況不同,其功能性也略有不同,因此還是建議使用男性專屬的保養品為佳,但如果想選擇男女通用的保養品,清爽、無油膩感是首要條件。

　　在擦任何保養品之前,確保肌膚是清潔乾淨的,因為在骯髒的皮膚表面塗抹保養品,不僅肌膚無法吸收,更是給肌膚帶來多餘的負擔。

　　除了眼霜之外,一般的保養品建議最好避開脆弱敏感的眼睛周圍,並且在塗抹時,動作儘量保持輕柔,過度的拉扯搓揉肌膚表面,反而容易造成皺紋的出現。

滋·潤·保·濕·步·驟

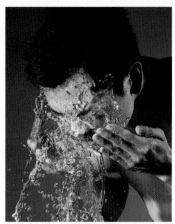

STEP 1
將臉部以溫和的
洗面乳徹底洗淨

STEP 2
輕輕拍打收斂水在臉上,直到完全
吸收

STEP 3
在肌膚容易乾燥的季節,取適量的
乳液,在額頭、兩頰、鼻樑、下巴
各點一點,以向上向外的方式,均
勻塗抹開來

STEP 4
避免紫外線的侵害,可使用噴霧式的防曬乳,均
勻塗抹在臉部和身體

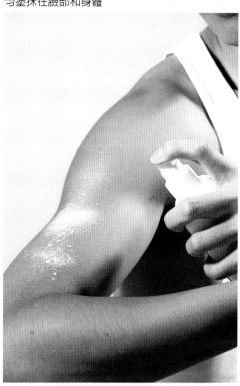

男體 使用手冊
men's body guide

➋Kiehl's極限男性活膚乳液
75ml/NT$1100
帶有薄荷尤加利葉的味道以及
豐富維他命,可以讓肌膚從
暗沉疲勞的狀況下解脫,迅
速恢復好氣色。

➌MAN-Q調理油脂保濕凝膠
50ml/NT$380
針對易出油的 T 字部位有效控
油,並且強效保濕滋潤疲憊的肌
膚,保持膚質年輕有光澤。

➊Kiehl's藍色收斂水
8.4oz/NT$900
Kiehl's最著名的商品之
一,提供收斂殺菌、
保濕舒爽的功效,非
常適合油性、極油性
以及青春痘困擾的人
使用。

男性專屬
保養產品區

➍AVEDA去油脂平衡露
150ml/NT$1000
清爽不油膩的植物配方,能抑制多餘
油脂的分泌,使肌膚保持清新、舒
爽,非常適合油脂分泌旺盛的男性。

➎ORIGINS無油無慮調理露
150ml/NT$680
能降低表面吸附引力,讓灰
塵與髒東西更容易被清
除,並且吸除表面多餘
的油脂,使肌膚清
爽,不泛油光。

◉BIOTHERM男仕有氧
O2淨化潤膚露
50ml/NT$1400
淨化排毒配方，能中和肌
膚內毒素，達到深層淨
化，並且增進及富含氧
量，幫助肌膚恢復健康
光采。

◈SHISEIDO男人極致滋潤乳
100ml/NT$1000
清爽、如水般的清新乳液，給予刮鬍後
洗臉的肌膚最佳含水效果，使肌膚免於
粗糙或刮鬍後的紅熱與不適現象。

**男性專屬
保養產品區**

◉雅漾舒護防曬噴霧
SPF20/200ml/NT$1450
獨家添加維他命E原，可對
抗自由基，預防光老化。
噴霧劑型能方便使用全
身肌膚大面積處，適
合時常運動，需要防
曬者。

◉澎澎防曬乳液SPF50
55g/NT$179
高係數防曬，有效隔離
UVA&UVB，肌膚舒適
無負擔，平時外出及
運動均適用，還能有
效防汗水。

◉巴黎萊雅MEN EXPERT
活顏緊實全面抗老保濕霜/120g/NT$130
由植物萃取物組成的活力緊膚素，能有效對抗
肌膚支撐細胞組織的退化，可預防及促進細胞
修復，緊實肌膚。

✚ Part 2 健康計劃

女人不僅比男人懂得保養，就連保健養生也比男人注重許多，為了預防衰老，女人除了從外的護膚品，內服的保健食品也少不了，但相對來說，每天忙於工作、經常加班應酬的男人，不但精神壓力大，生活作息也不正常，如果再加上離不開傷身的煙酒，使得健康遭受嚴重威脅，也難怪男性的平均壽命會比女性要短。

你甘心前半生在辛苦創業中打拼，等到上了年紀準備享享清福的時候，卻得躺在病床上抱著藥罐子度過餘生嗎？不要再漠視身體所發出的警訊了，在你注重到外在的同時，也聽聽體內的需求吧！只有先擁有健康的身體，才能擁有成功的人生。

中年男性容易罹患的五大類疾病

* 心血管類疾病

　長期缺乏運動、飲食習慣偏向油膩、重口味的人需多加留意！

* 肝臟疾病

　必須經常應酬，有長期抽煙、喝酒習慣的人是屬於這類疾病的高危險群！

* 泌尿、生殖系統疾病

　工作太過勞累，無法有足夠的休息時間，心理壓力過大的男性要小心！

* 骨骼關節疾病

　長時間維持同一個姿勢的生活型態，造成骨骼不當的壓迫者容易發生！

* 心理精神疾病

　對於週遭環境的不安感，長期的工作壓力使得精神超出負荷！

men's body guide

健康殺手1＞＞心血管類疾病

其實許多的慢性疾病，都和我們的生活、飲食習慣有著密不可分的關係，只要是平日的生活作息不正常、營養不均衡、長期缺乏運動，就很容易導致罹患上各種可怕的慢性疾病，其中又以心血管疾病最為普遍，因此要多加小心。

引發疾病的原因

* 老化的現象
* 高脂肪、高膽固醇飲食方式
* 長期的疲勞或精神刺激
* 新陳代謝及血液循環不良

可怕的疾病後果

男人一旦進入40歲以後，心肌重量會以每年1~1.5克的速度增長，但血輸出量卻平均每年減少約1%，於是心肌逐年肥厚，如果再加上飲食、缺乏運動等影響，使得心臟周圍血管開始逐漸硬化，導致管腔變窄，嚴重的話，就會引起冠狀動脈痙攣、心肌梗塞等，還可能造成"猝死"的悲劇。

此外，如果患上了高血壓、高血脂的人，平常就要做好飲食控制和適當運動，並且保持心情的平靜，以免因劇烈的精神刺激，導致中風等危險。的精神刺激，導致中風等危險。

預防心血管疾病的保健食品

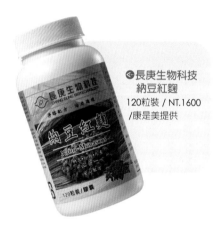

◆長庚生物科技
納豆紅麴
120粒裝 / NT.1600
/康是美提供

◆勝昌紅麴納豆
60顆 / NT.1170 /康是美提供

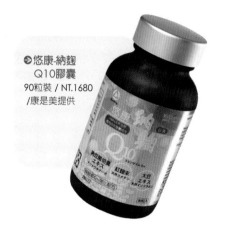

◆悠康-納麴
Q10膠囊
90粒裝 / NT.1680
/康是美提供

健康撇步 123

* 運動有益身心健康，但是有心血管問題的人士，應做和緩的
  運動，如瑜珈、散步，以避免突然刺激心臟、血液加速。
* 多吃清淡的蔬菜水果，平日的食物調理也儘量採取用水川燙
  代替油炸、熱炒等方式。
* 多喝含有高纖維、降血脂的新鮮蔬果汁。
  如芹菜、蘋果等…

✚ 保健小常識

　　天然納豆中含有大豆胜肽、胺基酸、礦物質、軟磷脂、異黃酮等多種營養成份，可以調節生理機能，使精神旺盛，有益健康。

　　而天然發酵的紅麴則有水解酵素、異黃酮等營養，可幫助調整新陳代謝，改善體質。

健康殺手 2 >> 肝臟疾病

在衛生署的十大統計死因當中,肝癌是國人男性十大死因的第一名;女性癌症死因第二位,所以肝病可以說是台灣地區最常見之本土病,也是我們的國病。

由於肝臟本身並沒有痛感神經,所以在初期所發生的毛病就很容易被忽視,直到問題慢慢擴大,讓人感覺有異時,前往求醫後所診斷出的結果,往往已經到了不可收拾的地步。

引發疾病的原因

＊有嚴重的飲酒習慣

＊生活作息日夜顛倒,造成肝臟運作過度負荷

＊經由肝病帶菌者的唾液所傳染

＊經常亂服成藥

可怕的疾病後果

肝臟具有代謝、解毒及貯存功能,對於人體來說是很重要的,因此一旦肝臟出現問題之後,輕者會讓人變得精神不佳、缺乏食慾,嚴重的還會產生其他如免疫力降低、糖尿病等併發症。

如果發覺自己變得很容易疲勞、常有噁心的現象,或是出現腹脹、黃疸等症狀;體重開始不斷減輕,最好立即前往醫院做檢查,早日診斷出疾病,痊癒的機率就能大大增加。

對肝臟有益的食品

芹菜不僅含有豐富的食物纖維，常吃還可以促進肝臟機能，但食用芹菜時，儘量以保持它新鮮的快速烹調方式，過度的烹煮會導致營養大量流失。

香菇中所含的蛋氨酸和各種維生素具有強壯肝臟機能的效果。將新鮮的香菇灑上鹽後加點檸檬汁火烤，不但好吃，營養也不會流失。

蕃茄含有多種不同的維生素，可說是維生素的寶庫，尤其它可促進脂肪代謝，減輕肝臟負擔，促進解毒作用及循環器官的順暢。不過最好不要在空腹時生吃番茄，並且經過烹煮的番茄營養價值會比生番茄來得高。

它可說是最天然的男性補品，由於蜆含有大量的維生素B12，能強化肝臟機能，同時豐富的牛磺酸，可促進膽汁分泌，有治療黃疸的效果，對膽囊炎和膽石症也很有用。

海參雖然是動物性食品，但它卻有比一般動物性食物中含量多出許多倍的碘。除此之外，海參中的優質蛋白和鈣質，可以促進肝臟機能，對肝病有很好的效果。

＊要有充分的休息與調養。
＊保持蛋白質、醣類、脂肪、維生素、礦物質這五大營養素的均衡攝取。
＊對於藥物、煙酒等會對肝臟造成負擔的東西要盡量避免

健康殺手 3 >> 泌尿、生殖系統疾病

　　許多男人由於自尊心作祟,當發現自己有泌尿、生殖系統等問題時,都不願意認真面對,一定要等到病情趨向嚴重時,才慌忙就診。然而,就目前的醫學統計發現,男性於40歲以後即有發生攝護腺癌的危險,更有高達30%的五十歲男性有攝護腺癌的病灶。

　　由於攝護腺癌與肝癌很類似,在初期的時候,幾乎沒有任何症狀,因此唯有透過特別的檢查才能得知,而一般早期的攝護腺癌大都可治癒,但是到了末期轉移性攝護腺癌,其治療效果就會明顯降低,甚至有高達50%的病患於二至三年去逝。

引發疾病的原因

＊具有家族性攝護腺癌的癌病史屬於高危險群
＊嗜吃油脂性食物
＊性關係混亂
＊自然性老化

可怕的疾病後果

　　由於攝護腺癌是因為腺體內的惡性細胞增生所造成的,因此這種癌症不只是長在攝護腺內,還可能侵犯攝護腺周圍的組織,或隨著血流、淋巴轉移到身體其他部位,因此造成醫治上的困難。

預防老化&增強精力的保健食品

◀悠康 男年膠囊
1120粒 / NT.1080
/康是美提供

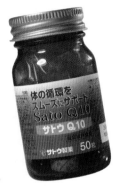

◀佐藤健康
Q10膠囊
50粒 / NT.999
/康是美提供

◀勝昌紅景天復方
菁華膠囊
60顆 / NT.900
/康是美提供

◀桂格養氣人蔘雞精
6瓶裝 / NT.420/康是美提供

健康撇步123

＊減少食物中飽和脂肪的攝取。
＊定期做健康檢查，尤其是家族史中有罹患癌症的親屬。
＊飲用具有利尿作用的飲料，如咖啡、茶、酒、可樂等要有所
　節制。

✚ 保健小常識

　成年人不可缺少的營養元素，除了常見的維生素之外，鋅、濃縮深海魚油、輔酵素Q10都可以提供元氣和活力；此外，南瓜子也是一種幫助男性調節生理機能的植物草本精華元素。

健康殺手 4 >> 骨骼關節疾病

長期的坐式生活，讓辦公室一族普遍罹患骨骼疾病的比例大大提升，最常見的例子就是肩頸僵硬、腰酸背痛，有些人還會引發手部麻痺、頭痛失眠等困擾。

另一種常發生在30歲以上男性身上的關節疾病就是痛風了，它的發生原因是罹患了一種高尿酸血症所導致的，高達95%的痛風患者是30歲以上的成年男子。

引發疾病的原因

* 經常暴飲暴食
* 曾動過手術或是做過放射性治療
* 因不良的飲酒習慣或藥物
* 腎臟或腸道排除尿酸受阻

可怕的疾病後果

頸椎疾病

不良的坐姿或是不當壓迫而導致的頸椎彎曲，可能會讓周遭神經血管受阻，甚至引發骨刺，若是問題沒有得到改善，還有導致癱瘓或萎縮的危險性。

痛風

人體中原本具有能將多餘尿酸給排出體外的功能，使得正常男性的尿酸值低於7毫克以下，如果多餘的尿酸無法正常代謝，就會沈積在關節腔內，造成關節腫脹和變形，也就是俗稱的痛風了。

增加骨質硬度的保健食品

◑挺立鈣加強錠
100錠 / NT.899
/康是美提供

⑦佐藤 鈣得欣錠
180錠 / NT.400
/康是美提供

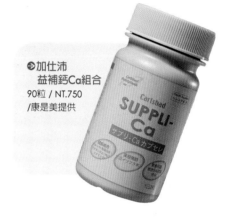

◑加仕沛
　益補鈣Ca組合
90粒 / NT.750
/康是美提供

健康撇步①②③

＊經常做一些伸展、促進血液循環的運動。

＊多吃一些能加強骨骼硬度或是幫助鈣質減少流失的食品或保健品。

＊痛風患者在發病期間要避免飲酒、吃發芽的豆類和肉類。

✚ 保健小常識

根據醫學報告研究，成年人因為身體的鈣質開始流失，因此最好每天能補充600毫克的鈣質，但有時吃下去的鈣質不一定能夠被吸收，為了加強鈣質的吸收，可同時服用維他命D3，或是直接選擇已添加維他命D3的鈣質保健品，以加強骨骼的硬度與健康。

健康殺手 5 >> 心理精神疾病

受到經濟不景氣的威脅，許多人長期活在卡債、裁員和失業危機的陰影下，如果精神壓力找不到適當的管道紓解，很容易就會患上憂鬱症、躁鬱症等心理疾病，平常容易魂不守舍，夜晚也無法安心入眠，一旦受到刺激，就很有可能想不開而走上絕路。

引發疾病的原因

* 精神壓力過大
* 生活缺乏目標及動力
* 自我封閉和缺乏自信
* 自律神經失調

可怕的疾病後果

憂鬱症和躁鬱症患者由於意志力渙散無法自我控制，因此無論任何事情都無法順利完成，同時因為精神脆弱，即使平常看不出有什麼不尋常的症狀，但是一旦受到了外界的刺激，就會引發精神疾病。憂鬱症的患者常會有自虐的舉動，而躁鬱症患者反應則更激烈，因此有可能做出危害他人的事情。

一旦患上這種精神疾病，除了依靠藥物的治療外，更需要旁人的關心與開導，幫助他們找回對生命的自信與熱愛，才有完全復原的機會。

舒解壓力&補充營養的保健食品

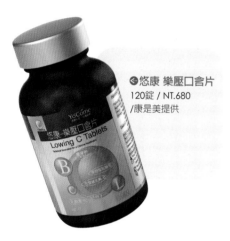

◀●悠康 樂壓口含片
120錠 / NT.680
/康是美提供

●悠康 純化維他軟膠囊
100粒 / NT.680
/康是美提供

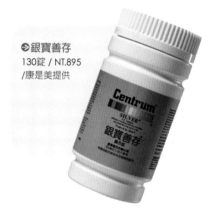

●銀寶善存
130錠 / NT.895
/康是美提供

健康撇步123

* 運動可以刺激大腦釋放出一種能夠紓壓的物質，幫助心情保持輕鬆愉快。
* 多培養一些健康的戶外興趣，新鮮的空氣和陽光對身心有益。
* 遇到不如意的事情，不妨找朋友傾訴，保持良好的人際關係。
* 多吃富含維他命C的天然食物，能幫助精神放鬆。

➕ 保健小常識

身體當中累積了太多的毒素，或是營養失衡時，同樣也會造成情緒、精神上的不穩定，因此除了靠健康的運動或培養一些興趣之外，保持體內營養均衡、新陳代謝正常也是非常重要的。

當情緒低落時，可以補充一些維他命C，也可以讓情緒好轉起來。

+*Part 3* 運動計劃

現代的男人，十個有九個都覺得壓力過大，常常習慣用抽菸、喝酒、嚼檳榔等方式來消除壓力，可是這種不健康的作法，不僅不能真正消除壓力，經過日積月累下來，反而會產生許多危害健康的後遺症。

想要讓身心都獲得徹底的放鬆，除了休息之外，最好的方法，莫過於運動了。運動有利於健康的重要性是大家都知道的，而適度的運動不但可以促進血液循環增進新陳代謝，還可以增強提高免疫力；另一方面，運動還可以增加食慾，提高睡眠的品質，因此有人說，運動是一種積極的休息和徹底的放鬆，透過運動把身體的健康基礎打好，才能快樂的享受自己辛苦的血汗成果。

運動入門必知

運動應該是件快樂的事,不宜用太嚴肅的態度去面對,而是要高高興興的去做,才能得到令人滿意的效果。而運動的種類有很多,依據功能性的不同,大致分為以下三種:

肌耐力運動:可以幫助維持心肺活力充沛以及循環系統的健康。如走路、騎腳踏車、游泳、打網球、跳舞。

伸展運動:可以讓身體活動更自如,讓肌肉可以得到放鬆以及保持關節活動的順暢。像是打太極拳、瑜珈、打保齡球等等。

重力運動:可以鍛鍊肌肉讓骨骼更加強壯,還可以改善不良的姿勢和預防骨質疏鬆症。舉凡提重物、爬樓梯、仰臥起坐、舉重訓練等。

不過,不論是哪一種,建議最好能交替進行,長時間的進行單一種訓練,很容易讓人覺得乏味、缺乏動力,而且也會使得運動效果大打折扣,因此不妨給自己訂定一套運動計畫,從初級程度的運動量循序漸進,並嘗試不同的運動方式,讓自己從運動中找到樂趣,並且養成持之以恆的運動習慣,才能讓自己在運動中得到最大的受益。

教練簡介

伊士邦健康俱樂部私人教練—陳泰民Harry

專業證照:
*FISAF澳洲國際有氧體適能指導員證
*CPR心肺復甦合格證照
*中華民國紅十字會水上工作大隊高級救生員證
*中華民國紅十字會水上工作大隊助理教練證
*中華民國C級健美教練證
*Les Mills Body Pump教練證
*SPINGING飛輪有氧教練

服務項目:
*個人運動處方規劃管理與訓練
*個人體適能評估　*姿勢評估與訓練
*肌肉質量增加　　*體重控制管理
*動作矯正　　*游泳教學　　*水中訓練

運動教練的小叮嚀

由於每個人的體能不同，想要利用運動達成的目的也不同，因此究竟要做多少運動，實在沒有一個標準值，不過，如果能把運動當成像每天都要吃飯睡覺一樣必做的事，並且抱著愉快的心情鍛鍊自己，就是達到運動的宗旨了。

但為了避免身體受到傷害，有些事還是不可不注意的：

☑ 運動健身前後一定要先做好伸展暖身，由上至下從頭部到頸部、兩側肩膀、腿部等等一一放鬆，然後活動身體，伸展腰骨，使肌肉和韌帶都能逐漸的放鬆。

☑ 在運動的過程中，一定要循序漸進，運動量要由小到大，動作要由慢到快，運動時間要由短到長。而運動的方式，應該要每天重覆幾次，一次不要太久為原則。

☑ 選擇自己喜歡的運動，是養成運動習慣的最好方法，一定要根據自己身體的反應隨時調整運動的量和運動的方式。

☑ 在運動過後可以多吃一些鹼性的食物，例如水果、蔬菜、豆製品等來維持體內的酸鹼值平衡，保持身體的健康，如此才能夠幫助消除運動所帶來的疲勞感。不過在運動之後的兩小時內，是身體吸收力最強的時候，如果想要減肥，千萬不要在這段時間吃高熱量的食物，免得造成反效果。

☑ 缺乏運動雖然可能會引起一些身體疾病，如心臟病、高血壓、中風、肥胖、糖尿病、骨質疏鬆症等等，但如果已經罹患上這類特殊疾病的人，在運動前應該先徵詢醫師的建議，以避免對身體會造成影響的劇烈運動。

運動暖身教室

　　暖身就像引擎預熱一樣,讓身體的血液循環慢慢活化;喚醒沉睡的肌肉和骨骼,為開始運動做好準備,所以千萬別偷懶,省略這個步驟喔!

　　暖身並不是真正的運動,因此不適合太過激烈的動作,只要能夠達到讓身體微熱的感覺就可以了,例如在划步機上慢走,或是轉動一下各個關節部位。

　　暖身的時間不用太長,約5到10分鐘即可,在運動前後各進行一次。

運動伸展教室

　　暖身完之後,就可進入伸展教室,開始針對身體各個部位進行伸展了。由於現代人多半在辦公室工作,長時間的坐式生活,很容易引起頸肩脊椎僵硬,因此除了運動前要做伸展運動之外,平常工作時,每一到兩個小時也不妨讓身體伸展一下,不但可以幫助血液循環暢通之外,還能趕走疲勞,迅速恢復精神。

　　伸展動作可以放鬆僵硬的肌肉,幫助我們在運動時不容易造成運動傷害,很久沒有運動習慣的人,在剛開始做伸展動作時,可能會覺得筋肉難以拉開,這是正常的現象,因此不要操之過急,過度用力拉扯肌肉反而會造成傷害,只要以自己的伸展極限為準,經過反覆並持續的練習之後,肌肉就會出現一定的柔軟度了。伸展操同樣是在運動前後各進行一次,每個動作要停留約10至15秒之間,可以緩慢放鬆的進行動作。

頸部伸展操

》伸展 **1**
雙腳站立與肩同寬

》伸展 **2**
先舉起右手扶住頭，輕微施加壓力，將頭部朝向右肩傾斜，這時也可讓左側肩膀下壓，頸部肌肉可以明顯感到伸展

》伸展 **3**
稍作停留後再進行換邊，反覆動作2-3次

胸大肌伸展操

》伸展 **1**
雙腳與肩同寬，縮腹挺胸，背部打直

》伸展 **2**
雙手打開超過身體，頭往上看，停留數秒後回到暖身1再重複動作2-3次

肩膀伸展操

》伸展 **1**
將右手繞到頭部後方碰觸左肩

》伸展 **2**
左手也繞過頭部碰觸右手手肘，將右手手臂向左側拉近，感覺手臂的伸展

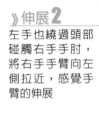

》伸展 **3**
稍作停留後，持續將身體慢慢左傾，進而感受體側的伸展，動作結束後再換邊進行，反覆練習2-3次

肱二頭肌伸展操

》伸展 **1**
保持抬頭挺胸的輕鬆站姿，左手往前伸直

≪伸展 **2**
用右手扳左手手掌，左手掌心朝前，停留數秒後再換邊，反覆進行2-3次

肱三頭肌伸展操

》伸展 **1**
背部挺直站立

≪伸展 **2**
用左手手臂將右手手臂勾進，貼在左側胸前上，停留數秒後再換邊進行，反覆動作2-3次

上背部伸展操

》伸展 **1**
雙手交疊於身體前方，手指交叉手掌朝外

≪伸展 **2**
站立時稍微彎曲雙腿，可以將背部盡量的朝後方弓成圓形，這時可充份的感受到上背部整個脊椎以及雙臂的伸展

下背部伸展操

》伸展 1

仰躺在軟墊上

》伸展 2

將雙膝靠向胸部,並以雙手抱往小腿前側,讓雙膝盡可能靠近身體

錯誤示範

動作過程中保持頸部貼地,不要讓頭部仰起來,以免造成頸部的壓力

背部伸展操

》伸展 1

跪臥在柔軟的墊子上,雙手向前伸直,盡可能固定在一個位置

》伸展 2

然後身體慢慢往前伸,這時會感覺到背部與手臂伸展的感覺

錯誤示範

注意頸部不要抬起,只要往下看即可

腿臀伸展操

》伸展 1

仰躺在軟墊上,雙腳彎曲

》伸展 2

雙手抱右腳後方,將關節盡量拉到胸口,過程中臀部盡量可能貼近地面不要抬起,感覺臀腿部位的伸展

》伸展 3

停留一段時間後,可試著將小腿往天花板抬高,增加腿後方伸展的感覺

腹部伸展操

≫ 伸展 1
先將身體全身俯臥，以雙肘撐地，保持垂直角度

≫ 伸展 2
抬頭挺胸並將腹部位置向下壓，讓胸前挺出，感覺有力量在伸展腹部

錯誤示範
注意頸部不要過度後仰，儘量維持脊椎線條自然

大腿伸展操

≫ 伸展 1
首先側躺下，以右手支撐身體，保持手肘與地面垂直

≫ 伸展 2
將左腿側彎，左手輕握踝關節保持雙膝平均稍微上抬膝蓋並收臀部，感覺

錯誤示範
過程中記得背部不要過度彎曲

小腿伸展操

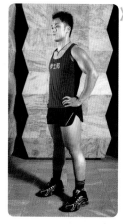

≫ 伸展 1
雙手叉腰，雙腳與肩同寬

≪ 伸展 2
腳前弓後箭，先右腳在前，左腳在後，後腳盡量伸直，動作結束後再換左邊進行

運動生**初級班**

　　以下的運動是教練針對平日無運動習慣的人所設計的，是屬於輕量級的肌耐力訓練運動，很適合做為養成運動習慣的入門練習。

胸部及手臂肌群初級運動＞**伏地挺身**

一組15~20下，每次進行四組，每組間休息約30~60秒

》動作3

繼續將身體往下，並保持身體與地面隔一個拳頭的高度

《動作1

手腳撐在地板上，兩手打開約1.5個肩膀寬，並吸氣

《動作2

慢慢將身體往下，並吐氣，直到大手臂與小手臂成九十度直角，停頓2~3秒

錯誤示範

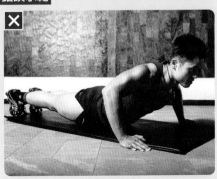

手部力量不夠，腰部過彎且頭部太高

肩膀鍛鍊初級運動＞**手臂繞環**
一組15~20下，每次進行四組，每組間休息約30~60秒

≪動作1

雙腳打開與肩同寬，雙手打開掌心朝上，高度與肩齊

》動作2

以肩部關節為軸，手臂由後往前環繞

》動作3

兩手繞圈的位置、速度及方向都要一致，動作需緩慢，不可太快，以免受傷。回到原來的位置後再重覆此動作

錯誤示範 ✕

動作中切記不可聳肩

男體 使用手冊
men's body guide

手臂鍛鍊初級運動＞徒手動作二頭肌

一組15~20下，每次進行四組，每組間休息約30~60秒

》動作 **3**

前臂彎到一定的程度
時，二頭肌會有收縮
的感覺，停頓4~6秒
後放鬆

《動作 **1**

直立、兩腳打開與肩同寬，雙手
打開，掌心朝上，高與肩齊，吸
氣

》動作 **2**

慢慢吐氣，把前臂收回，
手肘關節不可搖晃

錯誤示範

手肘儘量保持與肩膀平齊，這樣才能有
效鍛鍊到手臂肌肉

腹部鍛鍊初級運動＞**屈膝仰臥起坐**

一組15~20下，每次進行四組，每組間休息約30~60秒

 動作 1

仰躺在地，雙腳踩地板，雙手扶耳際

≫ **動作 3**

回復時頭部保持懸空，腹部持續施力

≪ **動作 2**

邊吐氣邊仰起上半身，只要到肩胛骨離地為止的程度就可以，感覺到腹肌在用力，注意頸部及手臂不需用力，以免受傷及施力點不均。

錯誤示範

動作時不要整個人坐起，這樣將無法有效鍛鍊到腹肌

大腿鍛鍊初級運動＞蹲臀訓練
一組12~15下，每次進行四組，每組間休息約30~60秒

《動作 **1**

雙手叉腰，膝蓋腳尖朝前，重心
在腳跟，縮腹挺胸，背部打直

》動作 **2**

一面保持肩膀、背部和頭部呈
一直線，一面緩緩屈膝將臀部
放低

》動作 **3**

稍做停留後，緩緩回
到起始點

錯誤示範

注意膝蓋千萬不要超過腳尖，不然容易
受傷

小腿鍛鍊初級運動＞**踮腳運動**

一組12~15下，每次進行四組，每組間休息約30~60秒

《動作1

雙手手掌扶住椅背，縮腹挺胸，
背部打直，雙腳與肩同寬站立

》動作2

用腳趾的力量儘量往上顛
腳，停頓2~3秒

》動作3

慢慢回到起始位置，
重覆此動作

注意事項

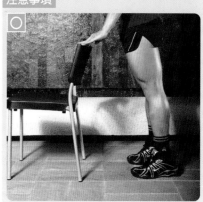

在進行動作3時，注意腳跟不能著地

運動生中級班

如果你平常就有做一些輕鬆的運動，或是進行上述運動已經一段時間，在練習上述的運動過後，並不會感到氣喘或疲倦，那表示你已經可以晉級到中級班的訓練了！

胸部及手臂肌群進階運動 > 史密斯胸部推舉

一組8~12下，每次四組，每組間休息約30~60秒

≪動作**1**

躺在長凳上，雙腳抬高，或置於長凳上亦可

≫動作**3**

然後慢慢將把桿拉下至胸部中間，把桿的最佳位置正好是肩膀與乳頭線中間二分之一的地方。停留幾秒，再慢慢舉起，恢復起始點的姿勢

肩線

≪動作**2**

雙手握著把桿，距離需比自己的肩膀寬

錯誤示範

✕

舉起把桿時，身體或臀部需貼實於長凳上，不可抬離長凳，否則會讓下背部容易受傷

肩膀鍛鍊進階運動 > **肩部側舉機**

一組8~12下,每次四組,每組間休息約30~60秒

⌃**動作1**

縮腹挺胸,背部打直,肩膀放輕鬆坐於側舉機前

》**動作3**

吐氣時雙手往上側抬,手肘不能超過肩膀,放鬆吸氣

》**動作2**

雙手握住握把,前臂緊靠左右靠墊

錯誤示範

✕

手肘超過肩膀,容易使得肩頸負荷過重,反而會造成運動傷害

95

手臂鍛鍊進階運動＞肱二頭訓練機

一組8~12下，每次四組，每組間休息約30~60秒

︽動作**1**

上臂緊貼靠墊，手臂微彎

》動作**2**

手腕內扣，縮腹挺胸，
背部打直，肩膀下壓用
力時吐氣，放鬆時吸氣

》動作**3**

手臂伸直時關節不可
鎖死，要保持微彎

錯誤示範

若椅子太高，會造成肩膀高聳，施力點
錯誤

腹部鍛鍊進階運動＞**腹部前屈機**

一組8~12下，每次四組，每組間休息約30~60秒

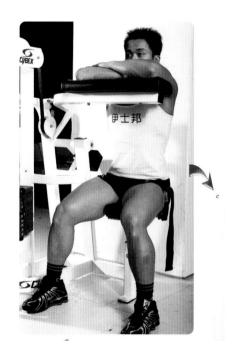

≪動作**1**

調整好椅子的高度，上臂
緊貼靠墊

≫動作**2**

吐氣時下壓，腹部
捲曲，背部弓起

≫動作**3**

上來時吸氣，腹部用
力，慢慢回到起始點

錯誤示範

不能用胸部靠在墊子上，否則會變成以
手臂力量施力

大腿鍛鍊進階運動＞腿部推舉

一組8~12下，每次四組，每組間休息約30~60秒

≪動作 **1**

躺在躺椅上，腳放在踏板上，雙腳打開與肩同寬

≪動作 **3**

將負重壓力慢慢放下，直到大腿與小腿呈九十度，再往上推，回到剛開始的位置與動作

錯誤示範

✖

腳要放在踏板中間，若太低會造成施力點錯誤。動作時，以腳跟推，並非以腳趾上推

≪動作 **2**

將負重壓力緩緩撐起，但膝蓋微彎

小腿鍛鍊進階運動＞**比目肌訓練機**
一組12~15下，每次四組，每組間休息約30~60秒

≪動作1

縮腹挺胸，背部打直，用肩膀扛著靠墊，雙腳與肩同寬，踩在踏板的1/3處

》動作2

用腳跟的力量慢慢往上顛

》動作3

回到起始位置後，腳跟下壓，重覆此動作

錯誤示範

腳跟下壓時，膝蓋不要鎖死，但也不能彎曲

運動生高級班

平常的運動已經不能滿足你，或是想要鍛鍊出漂亮的肌肉線條，歡迎你進入運動生高級班，讓重量級的運動，幫你鍛鍊出一身強健的體魄！

胸部及手臂肌群強化運動＞斜板啞鈴推舉

一組8~12下，每次四組，每組間休息約30~60秒

》動作 **3**
稍做停留，之後將啞
鈴舉到頂點，吸氣、
吐氣，如此重覆數次

錯誤示範

☒

長凳的斜度以**45**度為佳，若長凳的角度
愈高，肩膀的用力程度將會增加，運動
到的部位將是肩膀而非上胸

⌃動作 **1**
雙手各握一個啞鈴，坐在傾斜的
長凳上

》動作 **2**
將啞鈴舉起，並超過胸部上方
的點，也就是水平面上的胸推

肩膀鍛鍊強化運動＞**啞鈴肩部側舉**

一組8~12下，每次四組，每組間休息約30~60秒

動作 1

雙腳站直與肩同寬，兩手各握一
個啞鈴

動作 3

將手臂向側邊抬起，手腕需
高於肩膀或至少平行，但手
肘不能高於肩膀。如此停留
幾秒，並回至身體的兩側

動作 2

將啞鈴向上舉，手
肘與手臂緊貼身體

錯誤示範

❌

啞鈴舉起時，身體不可晃動，手亦不可
往後仰或高於肩膀

手臂鍛鍊強化運動 > **徒手啞鈴**

一組8~12下，每次四組，每組間休息約30~60秒

錯誤示範

➡ 在起始點
或降低啞鈴
時，身體的
位置需抬頭
挺胸，不可
向前傾

⬅ 身體如果
過度後仰，
則會造成背
部及腰部負
荷

➡ 手臂腋下
要夾緊，太
開的話便無
法利用手肘
來做彎舉的
動作

⌃動作1

雙腳與肩同寬，雙手各握一啞
鈴，手掌向前，手臂微彎

》動作2

將啞鈴朝向肩膀抬高。彎舉時，上
臂和身體保持靜止，也許身體會有
些晃動，要避免將啞鈴向上擺動，
目的在強化手臂上的二頭肌

腹部鍛鍊強化運動＞**健身滾輪**

一組8~12下，每次四組，每組間休息約30~60秒

目的：能有效訓練腹肌，連同手臂和背部也會運動到，對上半身效果極佳。

≪動作 **1**

開始時雙膝跪地與肩同寬

≫動作 **3**

如果往左右推進，也能鍛鍊左右側腹斜肌

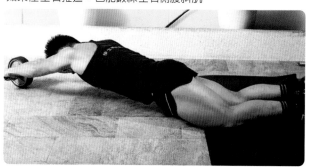

≪動作 **2**

小腿交疊，身體保持平衡，運用腹部的力量將滾輪緩緩滑出

錯誤示範

✕

手臂與腹部力量要平均，如果力道不夠，可能會
導致聳肩或背部過彎

大腿鍛鍊強化運動>蹲舉槓鈴

一組8~12下，每次四組，每組間休息約30~60秒

≪動作 **1**

將槓鈴的位置放在背部上方，亦稱
斜方肌上，雙手的握點則約需是肩
寬的兩倍，同時腳踝微微向外

≫動作 **2**

屈膝並緩緩將臀部垂直降
低，背部儘量保持筆直，
下顎抬高，肩膀挺直

≫動作 **3**

蹲至最低點，約為大腿
與地板平行時，腳跟施
力，再將重量往上推

錯誤示範

槓鈴應放在背部上方，而非頸椎

小腿鍛鍊強化運動＞**小腿訓練架**

一組8~12下，每次四組，每組間休息約30~60秒

≫動作**3**

慢慢回到起始位置，腳跟下壓，重覆此動作

≫動作**1**

坐在椅子上，雙腳與肩同寬，縮腹挺胸，背部打直

≫動作**2**

用腳掌三分之一處，踩穩踏板，以腳跟的力量往上顛

錯誤示範 ☒

上舉時應用小腿的力量，而非用身體的力量往後仰

✚ *Part 4* 儀態改造計劃

儀態無關於身份地位、高矮胖瘦或長相，而是所表現出來的言行舉止。一個人得不得體比身上的行頭還來得重要，這是一種日積月累所養成的生活習慣和態度。

形象就像是一個人的品牌一樣，人是需要靠形象來維持個人價值的。往往第一眼就能決定他人對你的印象如何，因此平常就應該要多注意自己的儀態，然後不斷地練習，加上個人經驗的累積、專業的知識、品德修養等等的養成，都是能讓人從內而外散發出更為成熟穩重的魅力。

大多數的男人因為個性關係，所以總是不拘小節，對於自己不經意的小動作也是習以為常、不以為意，可是有些行為看在女人的眼裡，或是在一般禮儀中，卻是大大的不禮貌。在這個篇章中，我們找出了5大最讓女人受不了的小毛病，仔細檢視看看，你有沒有犯下這些被列入缺乏女人緣的5大禁忌毛病，如果不幸答案是「有」的話，趕快想辦法解決一下吧！

以下這五大問題
是最常見卻又十分不受歡迎的小毛病

NO.1 不得體的行為習慣

NO.2 誇大不實的說話習慣

NO.3 缺乏用餐禮儀

NO.4 不整潔的外表

NO.5 缺乏生活品味

趕快檢視一下你是否也有這些問題

馬上把它們改過來

相信很快你就能成為一個萬人迷!

討人厭排行榜NO.**1**，不得體的行為習慣

常見狀況

× 出口成髒
× 不懂裝懂
× 說話時口沫橫飛

　　自以為常把粗話掛在嘴邊就是男子氣慨的表現，以三字經做為問候語、結尾句，而且嗓門又大，說起話來更是口沫橫飛，即使在公眾場合也像在自己家說話一樣，認識、不認識；想聽、不想聽的人通通都聽得很清楚。

　　這種人應該已經很習慣接受眾人的"注目禮"，但尷尬的是在他身旁的人，因此若非物以類聚，常常是讓人避之唯恐不及，即使給人印象深刻，但恐怕也是負面的印象。

修正要點

○ 多學習措詞譴字的方式
○ 保持輕鬆愉快的心情
○ 說話速度放慢

　　有人認為說髒話是本土的文化，也是拉近人與人之間距離的一種方式，但其實這是一種錯誤的認知。對於交情不夠深的人來說，會讓他覺得有種被冒犯的感覺，而對方如果是女性的話，那就更嚴重了，因此在說話前，要先衡量自己和對方的交情；所處的場合和氣氛，多注意自己說話的詞句和語氣，才不會引起許多不必要的糾紛及誤會。

　　而音量過大和口沫橫飛的說話習慣，通常本人都無法察覺，但卻令對方十分受不了。不過要改善這兩個問題其實並不難，因為口沫橫飛和大音量多半是因為說話太過激動、快速，所以只要注意放慢說話的速度，並且保持輕鬆的語調和心情，很自然就能展現出優雅的說話態度了。

討人厭排行榜NO.2，誇大不實的說話習慣

常見狀況

✕喜歡吹噓
✕不懂裝懂
✕愛出一些無意義的意見

明明不懂或不會的事情，為了男性的自尊還是硬著頭皮裝懂，從來不肯向人虛心求教，好像具有無所不知、無所不能的博學多聞；不管什麼場合、什麼時間，沒什麼本事，卻聽不進去別人的意見，總愛出一些沒有參考價值的意見，認為自己是最優秀的。

修正要點

○少開口多聆聽
○有自信但不自傲
○保持好學的精神

急於表現自己的人，即使再有能力，也不一定能得到眾人的尊重與信任，反而會給人輕浮、不穩重的感覺。遇到不懂或不會的事情，都能向人虛心求教，從根本去解決和學習，不知道的事情絕對不去主觀的推斷，可別為了所謂的身份和面子而硬撐著，要知道不懂並不可恥，不懂裝懂才是比沉默更可悲的。

愛說大話的人都有一種盲目的自信，其實愛說大話的人應該勤於修正自己做到謙虛誠實、知錯就改，避免給人以虛偽代替真實，以噓吹掩飾空虛的感覺，多充實自己的內在和能力，坐而言不如起而行，把說大話的精力付諸於實際的行動，這樣才可以生活得更踏實。

愛說話滔滔不絕的男人不僅女人不愛，就連同性也無法忍受，平時多學習聆聽，不但會讓人覺得你懂得尊重他人，也能幫你從別人的言談中學習到不少事物與經驗。

討人厭排行榜NO.**3**，缺乏用餐禮儀

常見狀況

× 吃相粗魯難看
× 大辣辣的剔牙
× 毫不避諱打飽嗝

吃東西時就像颱風過境一樣，不但咀嚼、喝湯時聲音響亮，也不時會發出餐具敲擊的聲音，有時邊吃飯邊聊天，嘴裡的飯菜就像流彈一樣，讓周圍的人四處躲避。飯後更是總是張著口大辣辣的剔牙，或是整個人癱在椅子上大聲的打著飽嗝，完全無視他人的存在，自以為這就是男性該有的豪邁瀟灑。

修正要點

○ 多學習措詞譴字的方式
○ 動作輕緩，避免發出不必要的噪音
○ 飯後應清除口中的菜渣及異味

吃飯時動作保持優雅並不是女性化的表現，而是一種基本的社交禮儀。當有食物在口中時，儘量不要開口，學習閉口咀嚼的好習慣，而要與人交談時，應先將嘴裡的食物給吞進肚子裡，才不會發生口中飯菜亂飛的糗態。

酒足飯飽之後，最容易讓人因鬆懈而忘形，滿足的往椅子上一靠，開始一邊剔牙，一邊不時的發出飽嗝聲，隨之傳出的氣味，更是教旁人受不了，雖然這是一種免不了的自然生理反應，但還是會讓人對你的印象大打折扣，因此這時最好的方法，就是在吃完飯後，到洗手間一趟，重新整理一下儀容，別忘了照照鏡子、漱漱口，看看嘴角有沒有留下髒污，牙縫之間是否藏有菜渣等…並藉由這樣小小的走動，可以讓被食物塞滿的胃部得到舒緩。

討人厭排行榜NO.**4**，不整潔的外表

常見狀況

×鼻毛外露
×頭皮雪花滿天飄
×難聞體臭

把臉洗得乾乾淨淨了，鬍渣也沒忘記清除，但就是對長得像雜草一般的鼻毛視而不見；潔淨光鮮的服裝外表，本以為能吸引到女性朋友愛慕的眼光，得到的卻是她們異樣的眼光，罪魁禍首就是清晰可見的頭皮屑在作怪；汗流浹背讓男人散發出無可抵擋的男人味，沒想到卻飄來揮之不去的難聞臭味…

修正要點

○ 定時修剪不雅體毛
○ 選擇適合的洗髮護髮方式
○ 做好清潔、除臭工作

男人總是粗枝大葉，也很少像女人一樣，有照鏡子的癖好，因此很容易忽視身體上的小瑕疵，但是對女人來說，鼻毛外露比不刮鬍子更讓人倒胃口，所以千萬別偷懶，養成定時修剪不雅體毛的習慣，尤其是做完清潔工作之後，再照一次鏡子做最後的檢視，才算是完成潔淨肌膚的所有程序。

會產生頭皮屑有許多原因，如果情況不是很嚴重，不妨先從洗髮、潤髮精著手，選擇溫和不刺激並且適合自己髮質的牌子，每2到3天洗髮一次，洗髮時動作輕柔，之後用溫水將泡沫徹底沖乾淨，頭髮沒有乾時不要睡覺，如果所有細節都有做到，還是無法改善或是問題很嚴重，就要考慮尋求醫師的協助了。男性因皮脂腺分泌較旺盛，以及男性荷爾蒙的原因，再加上排汗的影響，難聞的體味就會隨風飄散，因此清潔工作一定要做得勤快，如果是很容易流汗的人，若是使用古龍水，會讓味道變得更加可怕，因此在重要的場合，可以準備一瓶止汗劑，就能有效抑制因汗水而產生的異味了。

討人厭排行榜NO.**5**，缺乏生活品味

常見狀況

×衣著邋遢
×不合時宜的服裝配件
× 心靈精神貧瘠

總是習慣穿著短褲脫鞋，即使是出席正式場合也不例外；喜歡追求潮流，在自己的眼中，覺得自己有著獨特出眾的品味，但卻沒有會依場合而選擇適當服飾的能力，因此常出現服飾裝扮突兀而格格不入的窘境；只會拼命賺錢，但卻嚴重缺乏心靈及精神層面的提升。

修正要點

○衣服要保持整齊乾淨
○學習穿出自己的風格與品味
○多閱讀有益書籍、培養健康的嗜好

服裝不一定是名牌才有品味，而別人穿起來好看的衣服，自己穿起來也不一定好看，許多人常犯的錯誤就是喜歡盲目跟從潮流，試問，在一窩蜂的跟隨模仿下，怎能凸顯出自我的獨特性呢？因此，選擇服飾前，應該先找出自己在身材上的優缺點，才能夠選擇展現自己優點，掩飾缺點的裝扮。平時在看電視節目、雜誌，甚至與其他人接觸時，多多留意有關服裝穿著與搭配的資訊，很快就能清楚得知，什麼樣的服飾適合出席什麼樣的場合，再來只要注意衣服要保持潔淨，相信就能輕而易舉展現出屬於你的個人風格了。

一個滿腦子只會賺錢，對於生活週遭卻麻木不仁的人，同樣也很難得到女性的青睞，除了工作之外，也要懂得享受生活，讓自己在心靈和精神上不斷提升，才算是個裡外都品味兼具的人。

相關洽詢資訊

▶ 清潔彩妝保養品

AVEDA （02-2721-7909）

AVENE 法國雅漾（02-2748-9299）

BIOTHERM （02-8722-5517）

DHC （02-2769-3666）

Kiehl' s （02-8101-6000）

L' Oreal Paris 巴黎萊雅 （02-8101-6000）

MAN-Q （02-2521-1338）

ORIGINS （02-2509-8950）

NUMERIC PRO OF PARIS （02-2708-5508）

SHISEIDO （02-2314-1731）

THE BODY SHOP （022528-6660）

UNO （02-2375-1666）

屈臣氏 （02-2742-1234）

康是美（02-2747-8711）

▶ 服飾商品

Adidas （02-8768-3889）

Armani 飾品 （02-8773-9911）

AVIA （02-2 578-3718）

BIG TRAIN （02-2219-5878）

CK 手錶 （02-2546-2288）

DIESEL手錶飾品 （02-8773-9911）

DIESEL鞋子 （02-2516-8586）

DKNY 手錶飾品 （02-8773-9911）

LEE Cooper （02-2219-5878）

Levi' s （02-2730-3500）

Levi' s 鞋子（02-2516-8586）

ROCKPORT （02-2516-8587）

Swatch （02-2546-2288）

TSUBO （02-2516-8587）

▶ 內文諮詢

亞立山大時尚整形診所院長許世人醫師

（02-2752-9018）

i skin盧靜怡皮膚專科院長盧靜怡醫師

（02-2751-2066）

伊士邦健康俱樂部陳泰民教練 （02-8772-5699）

Kiehl's公關經理吳佳原 （02-8101-6000）

BIOTHERM教育訓練講師陳怡文（02-8722-5517）

▶ 模特兒

柯松利　徐翊庭

高丞賢　廖宜靖

　　有關書中的內容，均出自專家的專業意見，僅提供讀者作為參考。但由於個人體質因素不同，如有任何疑問，應
直接向您的醫師作諮詢。

Silver銀色彩妝
整體造型
設計總監
吳憶萌Evon

- FashionEZ造型秘笈光碟造型總監兼主持人
- 2006年第十六屆國際美容化妝品展指定表演彩妝造型指導老師
- 法國巴黎NUMERIC PRO OF國際彩妝造型藝術學院專修(擔任首席彩妝大師)
- 臺北醫學大學進修推廣部專業整體造型師課程講師
- "信義房屋"信義豪宅內部認證課程-個人專業造型諮詢課程講師
- 國立台灣大學彩妝研究社指導教師

Contributors

　　會踏入彩妝造型這一行，最初的原因就是愛漂亮。因為身體裡存在著愛美細胞，即使所學的本科與美麗的行業相差十萬八千里，繞了一大圈，Evon還是轉到彩妝造型的領域裡。

　　問Evon是什麼原因讓她毫不猶豫的在這條路上堅持12年，「看到客人在造型師的巧手下，呈現各種不同的風貌，這種與美以及快樂為伍的工作，就是我想要的。」在這條路上，Evon更是經常問自己，什麼時候她才能在彩妝造型界，完成她的夢想，這樣的念頭支持她更有勇氣自信、更有企圖心，全心投入在每一次機會，完美的表現。

　　累積無數的經驗與肯定，Evon成立了工作室、婚紗公司，到現在的影像製作公司與彩妝整體造型學院，Evon目前最大的心願是將美麗繼續傳承下去，因此她不僅用心在整體造型彩妝的教學上，更首創動態視訊教學，藉由科技的發聲，讓學習美麗不再有距離，不管男人女人都能一起擁有美麗有型。

NUMERIC PRO OF法國巴黎專業彩妝品

　　本書中，Silver銀色彩妝整體造型設計總監Evon打造型男模特兒所使用的彩妝品，就是出自「NUMERIC PRO OF 法國巴黎專業彩妝品」的傑作。別有於一般專業彩妝，法國工作者特別針對數位影像呈現肌膚質感的需求所打造，不僅可以修飾瑕疵膚質，在數位燈光下又能表現自然透明的質感。這款接近完美等級的專業彩妝品，目前由Silver銀色彩妝整體造型設計有限公司代理，提供專業彩妝造型師呈現最完美妝容。**企業網站:http://www.perfectimage.com.tw**

運動 就是應該這

漾

High!

男
MEN
體使用手冊
35歲⁺♂保健之道

作者	型男教主
攝影	李東陽

發行人	林敬彬
主編	楊安瑜
企劃編輯	杜韻如
美術設計	關雅云

出版	大都會文化事業有限公司　行政院新聞局北市業字第89號
發行	大都會文化事業有限公司
	110台北市信義區基隆路一段432號4樓之9
	讀者服務專線：（02）27235216
	讀者服務傳真：（02）27235220
	電子郵件信箱：metro@ms21.hinet.net
	網址：www.metrobook.com.tw

郵政劃撥	14050529　大都會文化事業有限公司
出版日期	2006年11月初版一刷
定價	250元
ISBN 10	986-7651-90-1
ISBN 13	978-986-7651-90-7
書號	Fashion 08

First published in Taiwan in 2006 by
Metropolitan Culture Enterprise Co., Ltd.
4F-9, Double Hero Bldg., 432, Keelung Rd., Sec. 1,
Taipei 110, Taiwan
Tel: +886-2-2723-5216　Fax: +886-2-2723-5220
E-mail: metro@ms21.hinet.net
Website: www.metrobook.com.tw

※本書如有缺頁、破損、裝訂錯誤，請寄回本公司更換

國家圖書館出版品預行編目資料

男體使用手冊 / 型男教主著；李東陽攝影
-- 初版 -- 臺北市：大都會文化, 2006〔民95〕
面；公分. -- (Fashion; 8)
ISBN 978-986-7651-90-7(平裝)

1. 美容 2. 運動與健康

424　　　　　　　95018691

大都會文化事業有限公司
讀 者 服 務 部 收

１１０台北市基隆路一段４３２號４樓之９

寄回這張服務卡〔免貼郵票〕

您可以：

◎不定期收到最新出版訊息

◎可參加各廠商贊助的抽獎活動，得獎者將以E-Mail或書面通知

大都會文化　讀者服務卡

書名：男體使用手冊

謝謝您選擇了這本書！期待您的支持與建議，讓我們能有更多聯繫與互動的機會。日後您將可不定期收到本公司的新書資訊及特惠活動訊息。

A.您在何時購得本書：　　年　　月　　日

B.您在何處購得本書：　　　　書店，位於　　　　（市、縣）

C.您從哪裡得知本書的消息：

1.□書店　2.□報章雜誌　3.□電台活動　4.□網路資訊　5.□書籤宣傳品等　6.□親友介紹　7.□書評　8.□其他

D.您購買本書的動機：（可複選）

1.□對主題或內容感興趣　2.□工作需要　3.□生活需要4.□自我進修　5.□內容為流行熱門話題　6.□其他

E.您最喜歡本書的：（可複選）1.□內容題材　2.□字體大小　3.□翻譯文筆　4.□封面　5.□編排方式　6.□其他

F.您認為本書的封面：1.□非常出色　2.□普通　3.□毫不起眼　4.□其他

G.您認為本書的編排：1.□非常出色　2.□普通　3.□毫不起眼　4.□其他

H.您通常以哪些方式購書：(可複選)1.□逛書店　2.□書展　3.□劃撥郵購　4.□團體訂購　5.□網路購書　6.□其他

I.您希望我們出版哪類書籍：（可複選）

1.□旅遊　2.□流行文化　3.□生活休閒　4.□美容保養　5.□散文小品　6.□科學新知　7.□藝術音樂　8.□致富理財　9.□工商企管

10.□科幻推理　11.□史哲類　12.□勵志傳記　13.□電影小說　14.□語言學習（＿＿語）　15.□幽默諧趣　16.□其他

J.您對本書(系)的建議：＿＿＿＿＿＿＿＿＿＿＿＿＿＿＿＿＿＿＿＿＿＿＿＿＿＿＿＿＿

K.您對本出版社的建議：＿＿＿＿＿＿＿＿＿＿＿＿＿＿＿＿＿＿＿＿＿＿＿＿＿＿＿＿

讀者小檔案

姓名：　　　　　性別：□男 □女 生日：　　年　　月　　日

年齡：1.□20歲以下 2.□21─30歲 3.□31─50歲 4.□51歲以上

職業：1.□學生 2.□軍公教 3.□大眾傳播 4.□服務業 5.□金融業 6.□製造業 7.□資訊業 8.□自由業 9.□家管 10.□退休 11.□其他

學歷：□國小或以下 □國中 □高中／高職 □大學／大專 □研究所以上

通訊地址：＿＿＿＿＿＿＿＿＿＿＿＿＿＿＿＿＿＿＿＿＿＿＿＿＿＿＿＿＿＿＿＿＿＿

電話：（H）＿＿＿＿＿＿＿＿＿（O）＿＿＿＿＿＿＿＿＿傳真：＿＿＿＿＿＿＿＿＿

行動電話：＿＿＿＿＿＿＿＿＿ E-Mail：＿＿＿＿＿＿＿＿＿＿＿＿＿＿＿＿

◎謝謝您購買本書，也歡迎您加入我們的會員，請上大都會文化網站 www.metrobook.com.tw 登錄您的資料，您將會不定期收到最新圖書優惠資訊及電子報。

大都會文化

大都會文化